Rajiv Vyas
Dayanand Singh

A antropometria como fator de previsão dos componentes motores baseados no desempenho

Rajiv Vyas
Dayanand Singh

A antropometria como fator de previsão dos componentes motores baseados no desempenho

ScienciaScripts

Imprint
Any brand names and product names mentioned in this book are subject to trademark, brand or patent protection and are trademarks or registered trademarks of their respective holders. The use of brand names, product names, common names, trade names, product descriptions etc. even without a particular marking in this work is in no way to be construed to mean that such names may be regarded as unrestricted in respect of trademark and brand protection legislation and could thus be used by anyone.

Cover image: www.ingimage.com

This book is a translation from the original published under ISBN 978-3-659-89009-3.

Publisher:
Sciencia Scripts
is a trademark of
Dodo Books Indian Ocean Ltd. and OmniScriptum S.R.L publishing group

120 High Road, East Finchley, London, N2 9ED, United Kingdom
Str. Armeneasca 28/1, office 1, Chisinau MD-2012, Republic of Moldova, Europe
Managing Directors: Ieva Konstantinova, Victoria Ursu
info@omniscriptum.com

Printed at: see last page
ISBN: 978-620-8-57219-8

Dedicated to

My Father

ÍNDICE DE CONTEÚDOS

Capítulo I

INTRODUÇÃO

"O desporto é um modo de vida, uma ocupação legítima, uma ocupação séria, uma fonte de orgulho nacional, ou mesmo um instrumento de diplomacia nacional".

~ Manji et al~

O desporto é uma atividade competitiva institucionalizada que envolve um esforço físico vigoroso ou a utilização de capacidades físicas relativamente complexas por indivíduos cuja participação é motivada por uma combinação da satisfação intrínseca associada à própria atividade e das recompensas externas obtidas através da participação. O homem, por natureza, é altamente competitivo e, em busca de desempenho, sempre se esforçou por saltar mais alto e mais longe, por correr mais depressa e por demonstrar maior força e habilidade. A aptidão física coloca a ênfase em mais e mais atividade. A preparação de um atleta de hoje para a realização é uma questão dinâmica complexa, caracterizada por um elevado nível de eficiência física e fisiológica e pelo grau de perfeição das capacidades necessárias, do conhecimento e do ensino e tática adequados. Um atleta chega a este estado apenas como resultado de uma atividade desportiva de formação correspondente, destinada a melhorar constantemente a preparação de um atleta e a prepará-lo para uma realização de nível superior.

O desporto é um ingrediente importante da educação física e é hoje um fenómeno mundial. A popularidade sem precedentes e a melhor organização das actividades e competições desportivas teriam sido impossíveis sem o reconhecimento da importância das competições desportivas no mundo. O mundo apercebeu-se da importância do desporto para as civilizações modernas. (Uppal, 1992)

Nos últimos tempos, o domínio dos desportos tornou-se popular, uma vez que os jovens de países desenvolvidos, em desenvolvimento e subdesenvolvidos participam em grande número, com uma abordagem recreativa e profissional. O resultado da sua participação quantitativa é o desempenho e a grande melhoria do nível dos desportos e dos jogos. O impacto do conhecimento da ciência no desporto elevou o nível do desporto durante o último século. A melhoria do desempenho ocorreu devido à aplicação da ciência a vários níveis, tais como a melhoria das instalações, dos métodos de treino, do condicionamento, da nutrição, das estratégias de intervenção psicológica e da profissionalização do próprio desporto.

1.1. DESPORTO

O domínio do desporto está atualmente a sofrer alterações científicas notáveis. A investigação renovou todo o conceito de desporto; as inovações altamente tecnológicas através de contributos de várias disciplinas como a medicina, a engenharia, a biologia humana, a psicologia, etc., tornaram o campo desportivo mais autêntico, glamoroso e apelativo. São tentados diferentes métodos para detetar potenciais talentos e treiná-los em ambientes quase ideais. Sheshan defende que "o desporto é o ato de ser físico - comportamento genitivo contra um obstáculo numa situação comparativamente estruturada e institucionalizada".

1.2. IMPORTÂNCIA DO DESPORTO

De acordo com Webster, desporto significa -diversão, divertimento ou recreação, um tempo passado agradável, um tempo passado ao ar livre, ou com carácter atlético, como a caça, a pesca, a corrida, o basebol, o bowling ou a luta livre. A educação física tem uma preocupação e um envolvimento vitais com o desporto. O desporto está no sangue do ser humano. O desporto é tanto uma atividade recreativa como uma competição. Basicamente, os desportos são actividades individuais de natureza relacional e revitalizante, destinadas a proporcionar aos indivíduos a oportunidade de utilizarem os tempos livres da forma mais completa e inteligente possível. As competições atléticas têm existido ao longo da história da humanidade, o desporto e a guerra têm sido a própria vida da civilização antiga.

1.3. PAPEL DA CIÊNCIA NO DESPORTO

A ciência desempenha um papel importante em todos os domínios da vida humana. O progresso tecnológico registado no último século é o resultado do avanço da matemática e da física, bem como de outras ciências aplicadas. A atividade desportiva não é uma exceção a este respeito, embora as ciências do desporto só tenham sido consideravelmente reconhecidas como um campo de estudo académico nos últimos anos. Todos os diferentes ramos das ciências do desporto ajudam a melhorar consideravelmente o desempenho a um nível superior. Um treinador deve possuir os conhecimentos básicos das ciências do desporto. Os treinadores e os jogadores que lutam pela excelência em qualquer disciplina desportiva devem tentar incorporar toda a informação disponível na ciência para dar um treino de qualidade e preparar a competição. Considerando a importância do desporto e das competições, podemos dizer que se tornou uma necessidade social da civilização moderna.

1.4. TENDÊNCIAS MODERNAS

Coubertin afirmou que "o importante nos Jogos Olímpicos não é nadar, mas participar, pois o essencial na vida não é conquistar, mas lutar bem". Esta é uma filosofia anterior aos Jogos Olímpicos de Berlim, em 1936. A vida das pessoas, a sua filosofia e modo de vida estão a sofrer alterações. No desporto, tornou-se uma prática aceite lutar para ganhar. A filosofia da participação desportiva sofreu uma mudança porque agora um indivíduo participa para ganhar. E até os seus compatriotas induzem os desportistas a ganhar, uma vez que o desporto se tornou um aspeto de prestígio para provar a sua superioridade em relação a outras nações e sociedades. Frequentemente, as imagens evocadas pelo nome da nação e o seu jogo favorito estão intimamente ligadas. Por exemplo, a Inglaterra e as Índias Ocidentais estão indissociavelmente ligadas ao críquete. Na Índia, é o hóquei que ocupa um lugar de destaque. As competições proporcionam os meios pelos quais se pode mostrar o seu valor competindo com êxito. O que antes era considerado uma mera atividade muscular tem agora o impacto dos avanços científicos? Consequentemente, as competições desportivas desencadearam em um concurso rigoroso de investigação sobre fisiologia humana, biomecânica, medicina desportiva, etc. Os desportos de competição são agora uma mania em todas as nações do mundo. O exercício físico, sob a forma de recreação e competição desportiva, é um fator potente para manter um indivíduo fisicamente apto e mentalmente alerta. A filosofia da participação desportiva sofreu uma mudança radical e hoje em dia um indivíduo participa para ganhar. E mesmo os seus compatriotas induzem os desportistas a ganhar, uma vez que o desporto se tornou um aspeto de prestígio para provar a sua superioridade sobre as nações e as sociedades. Para satisfazer as necessidades de desafio, aventura e auto-realização, as pessoas precisam de um esforço vigoroso sob várias formas. A atividade física tornou-se um meio através do qual o indivíduo é mais capaz de lidar com as condições de sucesso da vida moderna. A nossa falecida Primeira-Ministra Indira Gandhi proclamou, com razão, que a ciência aplicada ao desporto permitiu à juventude moderna desenvolver capacidades físicas para além de tudo o que se imaginava anteriormente. Atualmente, vencer nos desportos de competição parece ser um prestígio nacional, uma vez que cada nação se esforça por ganhar. Certas nações tentam mesmo projetar a superioridade da sua ideologia potencial através de conquistas no domínio do desporto. Para alcançar o sucesso, são utilizados métodos científicos para cooperar com cada centímetro, cada fração de segundo e cada fração de energia de um atleta que é considerado quase uma máquina. Por todo o lado, estão a ser desenvolvidos esforços para criar laboratórios de investigação, de modo a encontrar formas e meios não só de avaliar, mas também de acelerar o desempenho humano no desporto. O melhor é extraído através de vários sistemas de treino desportivo, novas técnicas e tácticas desportivas, equipamentos sofisticados, condições adequadas e outros compostos. Na verdade, o desporto tornou-se um fenómeno extremamente complicado.

1.5. EDUCAÇÃO FÍSICA E DESPORTO

A educação física parece ter tomado um novo rumo sob a forma de ciências do desporto. As ciências do desporto, por sua vez, foram buscar a sua substância e metodologia a várias ciências de base. Durante muitos anos, a investigação no domínio do desporto foi realizada no âmbito destas ciências de base, mas com o avanço dos conhecimentos, as novas especializações e microespecializações assumiram uma posição respeitável. De facto, hoje em dia, a investigação abrange conhecimentos de várias disciplinas das ciências humanas. O biólogo humano está interessado em estudar a morfologia e a aprendizagem motora no desporto; o fisiologista, o funcionamento das várias partes do corpo humano; o cinesiologista, o movimento e a habilidade; o nutricionista, a ingestão de alimentos; os psicólogos, os traços de personalidade e os sociólogos, as dimensões sociais e culturais da participação desportiva. Também na Índia, nos últimos anos, têm sido realizados alguns trabalhos de investigação nas disciplinas de base relacionadas com o desporto.

A educação física e o desporto, sendo uma parte integrante da educação, também sofreram o impacto dos avanços científicos. Hoje em dia, os desportistas são capazes de ter um desempenho excecional graças ao envolvimento de novos métodos de treino cientificamente fundamentados e de meios de execução de exercícios desportivos, tais como técnicas e tácticas desportivas, melhorias do equipamento desportivo, bem como outros componentes e condições do sistema de treino desportivo.

2.1 . HISTÓRIA DO CRÍQUETE

O críquete é um dos jogos mais antigos do mundo e continua a prosperar atualmente. Diz-se que o jogo teve origem no século XVI e que os jogos internacionais se realizam desde 1844. Não existe qualquer documentação oficial sobre a data de início do críquete ou mesmo sobre o seu local de origem. Grande parte da informação que foi reunida afirma que o críquete foi um jogo inventado na época saxónica ou normanda por crianças que viviam no Weal, uma área densa de bosques e clareiras na zona sudeste de Inglaterra, que se estende por Kent e Sussex.

O críquete começou por ser um jogo infantil, mas diz-se que a versão adulta do jogo teve início no século XVII. Alguns especulam que o críquete é uma derivação de um jogo chamado Bowls ou bowling na relva, com a ligeira variação de se utilizar um taco para impedir que a bola atinja o alvo, quase semelhante ao basebol. Pensa-se que os instrumentos básicos utilizados para jogar críquete eram um pedaço de lã de ovelha mate, que servia de bola, e um pau, um gancho ou um taco de quinta. A primeira menção a estes jogos foi feita num processo judicial de 1598, em que se disputava a propriedade de um terreno em Surrey. Um homem mais velho testemunhou que ele e os seus amigos tinham jogado um jogo chamado creckett no terreno, mais de 50 anos antes, quando frequentavam a escola no local. Em 1611, foi a primeira vez que um adulto mencionou ter jogado o jogo em vez de ir à missa. Desde então, o jogo foi muito mencionado na Guerra Civil Inglesa e, após o fim da guerra, um novo governo puritano pôs fim a desportos mais activos como o críquete e o futebol.

O críquete começou a crescer após a Restauração de 1660 e foi nessa altura que o jogo atraiu pela primeira vez os jogadores. Em 1664, foi aprovado o Gaming Act, que limitava as apostas num jogo a 100 libras. No final do século XVII, o críquete era um jogo em que se apostava diariamente. No século XVII, o jogo foi introduzido na América do Norte através das colónias inglesas. No século XVIII, o jogo já tinha passado por outras partes do mundo.

Atualmente, o críquete continua a ser um desporto importante que atrai jogadores, espectadores e até mesmo o interesse dos meios de comunicação social. Ao longo do tempo, a ICC, ou Conferência Internacional de Críquete, tem vindo a expandir o desenvolvimento do jogo e espera produzir mais equipas nacionais capazes de competir ao nível dos campeonatos de teste. Em junho de 2001, a ICC introduziu a tabela do Campeonato de Testes e, em outubro de 2002, a tabela do Campeonato Internacional de Um Dia.

A mais recente adição ao críquete é o Twenty20, este estilo de críquete que foi visto pela primeira vez em Inglaterra para equipas profissionais inter-condados e foi introduzido pelo England and Wales Cricket Board. Se nunca viu um jogo de críquete, vá ver um; é realmente muito divertido e emocionante.

2.2 . ORIGEM

Ninguém sabe quando ou onde o críquete começou, mas há um conjunto de provas, muitas delas circunstanciais, que sugerem fortemente que o jogo foi concebido durante a época saxónica ou normanda por crianças que viviam em Weald, uma área de densos bosques e clareiras no sudeste de Inglaterra que se estende por Kent e Sussex. Acredita-se geralmente que o críquete sobreviveu como um jogo infantil durante muitas gerações, antes de ser cada vez mais praticado por adultos no início do século XVII. É possível que o críquete tenha derivado do bowls, partindo do princípio de que o bowls é o desporto mais antigo, devido à intervenção de um batedor que tenta impedir que a bola atinja o seu alvo batendo-lhe para longe. Jogado em terrenos de pastagem de ovelhas ou em clareiras, os instrumentos originais podem ter sido um pedaço de lã de ovelha emaranhada (ou mesmo uma pedra ou um pequeno pedaço de madeira) como bola; um pau ou um gancho ou outra ferramenta agrícola como taco; e um banco ou um cepo de árvore ou um portão (por exemplo, um portão de postigo) como postigo.

2.3 . DERIVAÇÃO DO NOME "CRICKET" (GRILO)

Pensa-se que várias palavras são possíveis fontes do termo "cricket". Na mais antiga referência conhecida ao desporto, em 1598, este é designado por *creckett.* O nome pode ter sido derivado do neerlandês médio *krick(-e*), que significa um pau; ou do antigo

O inglês *cricc* ou *cryce* significa muleta ou bastão. Outra fonte possível é a palavra neerlandesa média *krickstoel*, que significa um banco comprido e baixo utilizado para ajoelhar na igreja e que se assemelhava ao postigo comprido e baixo com dois cotos utilizado no críquete antigo.

De acordo com Heiner Gillmeister, um especialista em línguas europeias da Universidade de Bona, "cricket" deriva do neerlandês médio *met de (krik ket)sen* (ou seja, "com a perseguição do pau"), o que também sugere uma ligação neerlandesa na origem do jogo. É mais provável que a terminologia do críquete se tenha baseado em palavras utilizadas no sudeste de Inglaterra na altura e, dadas as ligações comerciais com o condado da Flandres, especialmente no século XV, quando este pertencia ao Ducado da Borgonha, muitas palavras do neerlandês médio foram introduzidas nos dialectos do sul de Inglaterra.

Apesar de muitas referências anteriores sugeridas, a primeira menção definitiva ao jogo encontra-se num processo judicial de 1598 relativo a uma disputa de propriedade sobre um terreno comum em Guildford, Surrey. John Derrick, um médico legista de 59 anos, testemunhou que ele e os seus colegas de escola tinham jogado *creckett* no local cinquenta anos antes, quando frequentavam a Free School. O relato de Derrick prova, sem margem para dúvidas, que o jogo era praticado em Surrey por volta de 1550.

A primeira referência à prática do críquete como desporto para adultos data de 1611, quando dois homens em Sussex foram processados por jogarem críquete ao domingo em vez de irem à igreja. [No mesmo ano, um dicionário definia o críquete como um jogo de rapazes, o que sugere que a participação de adultos era recente.

2.4 O CRÍQUETE SAI DE INGLATERRA

O críquete foi introduzido na América do Norte através das colónias inglesas no século XVII, provavelmente antes de ter chegado ao norte de Inglaterra. No século XVIII, chegou a outras partes do globo. Foi introduzido nas Índias Ocidentais pelos colonos e na Índia pelos marinheiros da Companhia Britânica das Índias Orientais na primeira metade do século. Chegou à Austrália quase logo após o início da colonização, em 1788. Seguiram-se a Nova Zelândia e a África do Sul nos primeiros anos do século XIX.

O críquete nunca vingou no Canadá, apesar dos esforços da elite de mentalidade imperialista para promover o jogo como forma de se identificar com o Império Britânico. O Canadá, ao contrário da Austrália e das Índias Ocidentais, assistiu a um declínio contínuo da popularidade do jogo durante 18601960. Ligado às elites britânico-canadianas da classe alta, o jogo nunca se tornou popular entre o grande público. Na época de verão, tinha de competir com o basebol. Durante a Primeira Guerra Mundial, as unidades canadianas estacionadas na Grã-Bretanha jogavam basebol e não críquete.

2.5 EVOLUÇÃO DAS LEIS

As regras básicas do críquete, como o taco e a bola, o wicket, as dimensões do campo, os overs, os how out, etc., existem desde tempos imemoriais. Em 1728, o Duque de Richmond e Alan Brodick redigiram um acordo para determinar o código de conduta num determinado jogo, que se tornou comum, especialmente no que se refere ao pagamento do dinheiro da aposta e à distribuição dos ganhos, dada a importância do jogo.

Em 1744, as Leis do Críquete foram codificadas pela primeira vez e depois alteradas em 1774, quando foram acrescentadas inovações como o lbw, o middle stump e a largura máxima do taco. Estas leis estabelecem que *os mandantes devem escolher, de entre os cavalheiros presentes, dois árbitros que decidirão absolutamente todas as disputas*. Os códigos foram elaborados pelo chamado "Star and Garter Club", cujos membros acabaram por fundar o MCC em Lord's, em 1787. O MCC tornou-se imediatamente o guardião das Leis e tem feito revisões periódicas e recodificações subsequentes.

2.6 COMEÇA O CRÍQUETE INTERNACIONAL

O primeiro jogo internacional de críquete foi disputado entre os EUA e o Canadá em 1844. O jogo foi disputado nos terrenos do St George's Cricket Club, em Nova Iorque.

Em 1859, uma equipa de importantes profissionais ingleses partiu para a América do Norte na primeira digressão ao estrangeiro e, em 1862, a primeira equipa inglesa visitou a Austrália.

Entre maio e outubro de 1868, uma equipa de aborígenes australianos visitou a Inglaterra, naquela que foi a primeira equipa de críquete australiana a viajar para o estrangeiro.

Em 1877, uma equipa inglesa em digressão pela Austrália disputou dois jogos contra XIs australianos completos, que são agora considerados como o Teste inaugural. No ano seguinte, os australianos visitaram a Inglaterra pela primeira vez e tiveram um sucesso espetacular. Não foram disputados quaisquer Testes nessa digressão, mas logo se seguiram mais e, em The Oval, em 1882, provavelmente o jogo mais famoso de todos os tempos deu origem ao Ashes. Em 1889, a África do Sul tornou-se o terceiro país a disputar um teste.

2.7 CRESCIMENTO DO CRÍQUETE DE ENSAIO

Figura-1

Sid Barnes, armadilhas Lala Amarnath lbw no primeiro Teste oficial entre a Austrália e a Índia no MCG em 1948

Quando a Conferência Imperial de Críquete (como era originalmente chamada) foi fundada em 1909, apenas a Inglaterra, a Austrália e a África do Sul eram membros. A Índia, as Índias Ocidentais e a Nova Zelândia tornaram-se nações de teste antes da Segunda Guerra Mundial e o Paquistão pouco depois. O jogo internacional cresceu com o envolvimento de várias "nações afiliadas" e, nos últimos anos do século XX, três delas tornaram-se também nações de teste: Sri Lanka, Zimbabué e Bangladesh.

O críquete de teste continuou a ser o nível mais elevado do desporto ao longo do século XX, mas teve os seus problemas, nomeadamente na infame "Bodyline Series" de 1932-33, quando a Inglaterra de Jardine Douglas utilizou a chamada "teoria das pernas" para tentar neutralizar o brilhantismo do australiano Don Bradman na marcação de corridas

O críquete do século XXI

Em junho de 2001, a ICC introduziu uma "Tabela de Campeonatos de Testes" e, em outubro de 2002, uma "Tabela de Campeonatos Internacionais de Um Dia". Como indicam as classificações da ICC, os vários formatos de críquete continuaram a ser um desporto de competição importante na maioria dos países do antigo Império Britânico, nomeadamente no subcontinente indiano, e em novos participantes, incluindo os Países Baixos. Em agosto de 2013, as primeiras classificações eram ocupadas pela África do Sul (testes), Índia (internacionais de um dia) e Sri Lanka (campeão de Twenty20).

A ICC expandiu o seu programa de desenvolvimento, com o objetivo de produzir mais equipas nacionais capazes de competir nos vários formatos. Os esforços de desenvolvimento centram-se nas nações africanas e asiáticas e nos Estados Unidos. Em 2004, a Taça Intercontinental da ICC levou o críquete de primeira classe a 12 países, a maioria pela primeira vez. A mais recente inovação do críquete é o Twenty20, essencialmente um entretenimento noturno. Até à data, tem gozado de enorme popularidade e tem atraído uma grande afluência de público aos jogos, bem como bons índices de audiência televisiva. O torneio inaugural do Campeonato do Mundo de Twenty20 da ICC realizou-se em 2007. A criação de ligas Twenty20 na Índia - a liga Indian Cricket League, não oficial que teve início em 2007, e a liga Indian Premier League, que oficial começou em 2008 - suscitou muita especulação na imprensa especializada em críquete sobre o seu efeito no futuro do críquete.

2.8 O JOGO - NOÇÕES BÁSICAS

O críquete é um jogo de taco e bola. É jogado entre duas equipas, sendo cada equipa constituída por 11 jogadores. Uma equipa bate de cada vez, enquanto a outra joga no campo e lança ao mesmo tempo. No centro do campo existe um campo retangular com 22 metros de comprimento. A equipa batedora tenta marcar o maior número possível de corridas, enquanto a outra equipa lança e joga, tentando eliminar os batedores e, assim, minimizar as corridas marcadas pela equipa batedora. As corridas são marcadas pelo batedor no ataque, que bate na bola com o taco e corre para o lado oposto do campo, tocando na prega e completando a corrida com sucesso. A equipa batedora, após o fim do seu turno, começa a lançar e a jogar em campo, enquanto a equipa lançadora e a equipa de campo começam a bater. As decisões em campo são tomadas pelos árbitros. Há dois árbitros em campo e um árbitro, também conhecido como terceiro árbitro, fora do campo. As Leis do Críquete são regidas e mantidas pelo Conselho Internacional de Críquete (ICC) com diferentes Condições de Jogo Padrão para jogos de Teste e Internacionais de Um Dia.

2.9 TIPOS DE CRÍQUETE

1. **Críquete de teste:** O críquete de teste é a forma mais longa do desporto de críquete em que os jogos de teste são disputados entre duas equipas. As equipas com "estatuto de teste", conforme determinado pelo Conselho Internacional de Críquete (ICC), só podem jogar críquete de teste. São jogados quatro turnos entre duas equipas de 11 jogadores durante um período máximo de cinco dias. É geralmente considerado o derradeiro teste à capacidade de jogo e à resistência neste desporto. O nome "TEST" deriva do facto de o jogo longo e exaustivo ser um "teste" à força relativa das duas equipas.

2. **Críquete de um dia:** O críquete de um dia é muito diferente do críquete de teste. Um jogo de um dia é disputado num único dia com uma bola de críquete vermelha ou branca. Pode ser jogado à luz do dia ou metade do jogo sob luzes artificiais. Cada equipa joga apenas um inning e esse inning específico está limitado a um número máximo de overs, que são 50 (atualmente), 55 ou 60. Cada

conjunto de seis lançamentos de bolas do lançador é definido como um "over". Cada "inning" está completo no final do número estipulado de "overs", independentemente do número de batedores eliminados. Se dez batedores forem eliminados antes do número total de saldos lançados, o turno também termina. Se o turno da primeira equipa de terminar desta forma, a segunda equipa ainda tem o seu número total de saldos para marcar as corridas necessárias. A equipa que marcar mais corridas ganha.

3. Críquete Twenty-20: Recentemente, foi desenvolvida uma forma reduzida dos jogos, denominada Twenty20, com um máximo de 20 overs por inning. Tudo permanece igual ao críquete de um dia, exceto o número reduzido de saldos.

2.10 EQUIPAMENTO

Bola de críquete: A bola é uma bola de corda dura coberta de couro. A circunferência é de 224 a 229 milímetros (8,81 a 9,00 polegadas), e a bola pesa entre 156 e 163 gramas (5,5 a 5,75 onças).

Taco de críquete: O taco é plano de um lado e curvo do outro para maior resistência, estando ligado a uma pega robusta. A lâmina do taco é feita de salgueiro. A lâmina tem uma largura máxima de 108 milímetros (4,25 polegadas) e o comprimento máximo de todo o taco é de 965 milímetros (38 polegadas).

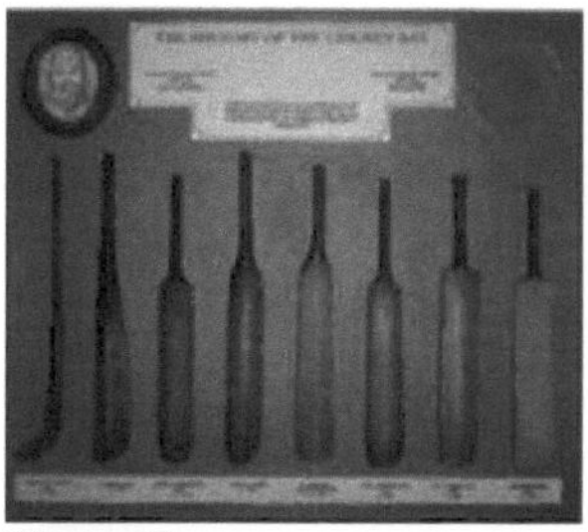

Figura-2
Diferentes formas de taco de críquete

Wickets: São estruturas de madeira constituídas por um conjunto de três cepos encimados por um par de fardos. Estes são descritos de seguida. Cepos: Três postes de madeira, com 25 milímetros (1 polegada) de diâmetro e 813 milímetros (32 polegadas) de altura. As estacas estendem-se a partir da extremidade inferior, que é martelada no solo numa fila uniformemente espaçada, com os bordos exteriores dos cepos mais exteriores separados por 228 milímetros (9 polegadas), suficientemente próximos uns dos outros para que uma bola de críquete não possa passar entre eles sem ser perturbada.

Fardos: Duas travessas de madeira que assentam em ranhuras no topo dos pares de cepos adjacentes. Equipamento de proteção: Capacete, almofadas, luvas, etc. para os batedores usarem para evitar lesões quando atingidos pela bola.

2.11 CAMPO

Trata-se de um grande terreno relvado, circular ou oval, onde se joga críquete. Não existe um tamanho fixo para o campo, mas o seu diâmetro varia geralmente entre 450 pés (137 m) e 500 pés (150 m). O campo de críquete pode ser um círculo quase perfeito ou uma oval extremamente alongada. Uma corda demarca o perímetro do campo, que é conhecido como o limite. A secção retangular no meio do campo é conhecida como Pitch, no qual o batedor joga e o lançador lança. Sticky wicket (postigo pegajoso) é um termo utilizado no desporto do críquete para descrever uma situação difícil, referindo-se ao campo, também conhecido como wicket. O campo que é afetado pela chuva ou pelo sol, molhado ou seco, comporta-se de forma imprevisível e dificulta as circunstâncias para o batedor bater, enfrentando um ressalto irregular da bola.

3.1. APTIDÃO FÍSICA E MOTORA

Bucher opina que "a aptidão física inclui mais do que a força muscular". Afirma ainda que "a aptidão física implica a solidez dos órgãos do corpo, como o coração e os pulmões, um mecanismo humano que funciona eficientemente em condições de exercício ou de trabalho e uma medida razoável de desempenho em actividades físicas selecionadas". Ao descrever a aptidão física individual, não se trata apenas do fator força, mas de algo mais que tem de ser tido em conta6.

Mathews, em sentido lato, define a aptidão física como a "capacidade de um indivíduo para realizar determinadas tarefas físicas que envolvam esforço muscular7".

Troester Jr. afirma que "a aptidão física inclui as qualidades que permitirão a um indivíduo realizar actividades da vida

Envolvendo velocidade, força, agilidade, potência e resistência e para participar em vários tipos de actividades físicas exigidas pela vida moderna, incluindo desportos e atletismo, e para ser capaz de manter um nível ótimo de aptidão física para o indivíduo envolvido".

O termo "aptidão motora" tornou-se popular durante a Segunda Guerra Mundial e pode ser definido como a fase limitada ou a capacidade motora, com ênfase na capacidade de trabalho vigoroso. Os aspectos selecionados para ênfase são a resistência, a potência, a força, a agilidade, a flexibilidade e o equilíbrio. Mais especificamente, a aptidão motora pode ser referida como correr, saltar, esquivar-se. Escalar, cair, nadar, levantar pesos, transportar cargas e suportar esforços numa variedade de situações.

Na verdade, a aptidão motora é uma fase limitada da capacidade motora geral, com ênfase nos elementos subjacentes à atividade física vigorosa, mas não inclui os elementos primários da coordenação e das capacidades. É também uma designação mais geral do que aptidão física. Assim, a solidez orgânica e a alimentação correta atravessam toda a estrutura física. Os elementos básicos da aptidão física são a força muscular, a resistência muscular e a resistência circulatória; a potência muscular, a agilidade, a velocidade e a flexibilidade são adicionadas para compor a aptidão motora; depois, a coordenação cinestésica braço-olho-pé-olho é necessária para a capacidade motora central. A capacidade atlética geral é considerada simultaneamente com a capacidade motora geral. Inclui vários elementos como a força, a potência, a agilidade, a velocidade, o tempo de reação e a flexibilidade. A abundância destas caraterísticas permite a uma pessoa ter um bom desempenho em actividades básicas como correr, saltar, trepar, lançar e esquivar-se. Se um artista tiver uma grande quantidade de capacidades atléticas gerais, diz-se que é um atleta natural. Uma pessoa com um elevado nível de aptidão atlética geral possui os componentes físicos básicos necessários para atingir a excelência numa série de actividades. Mas, apesar desta capacidade geral, é incapaz de ter um bom desempenho num determinado desporto até que, através de longas horas de prática, desenvolva as competências específicas desse desporto.

3.2. APTIDÃO FÍSICA E MOTORA NO CRÍQUETE

O críquete tornou-se um dos jogos mais populares do mundo e, de todos os jogos importantes na Índia, é o único que tem sido ciosamente preservado por todos os que o praticam ou apoiam. As variáveis físicas e motoras são as mais importantes para um melhor desempenho em todos os desportos e jogos, o mesmo acontecendo com o críquete. O jogo de críquete exige uma quantidade considerável de aptidão física e motora e o domínio das capacidades. Um jogador de críquete deve possuir velocidade, força, potência, agilidade, equilíbrio, flexibilidade e resistência específicas em abundância, de modo a aprender e dominar as técnicas do jogo.

As variáveis físicas, nomeadamente a força do braço, a força do ombro, a potência do braço, a velocidade, a agilidade, a flexibilidade, o equilíbrio, etc., desempenham um papel vital na maioria dos jogos e desportos. Um lançador rápido requer uma quantidade específica de força, potência, velocidade, agilidade, flexibilidade, etc. Quase todos os lançadores rápidos têm de correr mais de uma dúzia de metros para que todos os factores acima referidos estejam suficientemente equilibrados e coordenados para serem utilizados quando chegam à dobra. A velocidade com que um indivíduo pode reagir numa determinada situação tem sido motivo de grande preocupação e interesse para desportistas e treinadores. A velocidade é extremamente importante para um lançador rápido.

4.1 . ANTROPOMETRIA

A antropometria é a ciência que define as medidas físicas do tamanho, forma e capacidades funcionais de uma pessoa. Aplicadas à prevenção de lesões profissionais, as medições antropométricas são utilizadas para avaliar a interação dos trabalhadores com tarefas, ferramentas, máquinas, veículos e equipamento de proteção individual, especialmente no que diz respeito à determinação do grau de proteção contra exposições perigosas, quer crónicas quer agudas.

As "medidas antropométricas" foram preocupações centrais da primeira fase da área científica da medição, que teve início na década de 1860. O interesse atual nas medidas antropométricas centra-se em três áreas: medidas de crescimento, tipo de corpo e composição corporal.

As utilizações destas medidas incluem a classificação, a previsão de padrões de crescimento e a previsão do sucesso em actividades motoras, bem como a avaliação da obesidade13.

A antropometria é o estudo da medição do corpo humano para utilização na classificação e comparação antropológica. No século XIX e no início do século XX, a antropometria era uma pseudociência utilizada principalmente para classificar potenciais criminosos pelas caraterísticas faciais. Por exemplo, Cesare Lombroso's Criminal Anthropology (1895) afirmava que os assassinos têm maxilares proeminentes e os carteiristas têm mãos compridas e barba rala. O trabalho de Eugene Vidocq, que identifica os criminosos pelas caraterísticas faciais, continua a ser utilizado quase um século após a sua introdução em França.

A utilização mais infame da antropometria foi feita pelos nazis, cujo Gabinete de Esclarecimento sobre Política Populacional e Bem-Estar Racial recomendou a classificação de arianos e não arianos com base em medidas do crânio e outras caraterísticas físicas. Para o efeito, era exigido por lei um certificado craniométrico. Os nazis criaram um instituto de certificação para as suas políticas raciais. Não corresponder às medidas significava não ter autorização para casar ou trabalhar e, para muitos, significava os campos de extermínio.

Atualmente, a antropometria tem muitas utilizações práticas, a maioria das quais benignas. Por exemplo, é utilizada para avaliar o estado nutricional, para benigno. Por exemplo, é utilizada para avaliar o estado nutricional, para

Monitorizar o crescimento das crianças e ajudar na conceção de mobiliário de escritório. O objetivo é a objetividade, mas há que ter em conta que, ao tentar comparar valores, existe uma vasta gama de normalidade em qualquer população e que as populações padrão podem ser enganadoras, na medida em que existem variações de variáveis com a idade, o sexo, a raça, etc.

4.2 . IMPORTÂNCIA DA ANTROPOMETRIA

As concepções incompatíveis com as medidas antropométricas normais de uma força de trabalho podem resultar em incidentes indesejados. O desajustamento de uma cabina de equipamento pesado a um trabalhador pode produzir ângulos mortos para o operador que expõem os trabalhadores a pé a ferimentos provocados por choques. O comprimento ou a configuração inadequados dos cintos de segurança podem levar à sua não utilização, o que afectará a capacidade de sobrevivência após a colisão. Um ajuste inadequado do equipamento de proteção individual não pode proporcionar aos trabalhadores proteção suficiente contra a exposição à saúde e a lesões (Hsiao e Halperin, 1998). Os dados existentes sobre a dimensão e a forma dos trabalhadores industriais são, na melhor das hipóteses, escassos. Devido à falta de dados antropométricos para a população geral de trabalhadores, os investigadores em matéria de segurança tiveram geralmente de se basear em dados extraídos de estudos sobre pessoal militar, a maior parte dos quais foram recolhidos durante as décadas de 1950 a 1970. No entanto, existe uma variabilidade antropométrica substancial entre as várias populações de trabalhadores dos EUA, que são bastante diferentes da população militar média. Os trabalhadores industriais, como os trabalhadores agrícolas, os condutores de camiões e os bombeiros, são mesmo antropometricamente muito diferentes da média da população civil (Hsiao et al, 2002).

A diversidade da força de trabalho em muitas profissões, bem como os novos papéis das mulheres na força de trabalho, requerem dados sobre o tamanho do corpo para a conceção de locais de trabalho, sistemas e equipamento de proteção individual adequados. No passado, a variação nas dimensões corporais era tipicamente relatada como médias e desvios padrão para vários segmentos corporais (Roebuck et al., 1975). Esta abordagem foi bem sucedida na geração de parâmetros gerais e amplos para o dimensionamento do equipamento de proteção individual (EPI), mas foi deficiente na geração da informação detalhada sobre o ajuste necessária para a conceção do local de trabalho, do EPI e de outros equipamentos.

Nos últimos anos, o desenvolvimento tecnológico fez avançar a ciência básica dos estudos do tamanho e da forma humana em formas tridimensionais (3D), estando atualmente disponíveis modelos humanos gerados por computador para análise antropométrica. Estes avanços na ciência antropométrica e na modelação da forma humana por computador abriram várias vias de investigação para melhorar a conceção do local de trabalho e do equipamento de proteção, bem como a adaptação antropométrica em sistemas complexos.

4.3 MEDIDAS ANTROPOMÉTRICAS

A medição antropométrica é definida como um conjunto de técnicas quantitativas não invasivas para determinar a composição da gordura corporal de um indivíduo através da medição, registo e análise de dimensões específicas do corpo, como a altura e o peso, a espessura das dobras cutâneas e corporal circunferência no da cintura, anca, e peito. (www.medicaldictionary.thefreeeonlinedictionary .com)

Os educadores físicos há muito que perceberam que o desempenho de homens e mulheres é grandemente influenciado por factores como a idade, a altura, o comprimento dos braços, o comprimento das pernas e a estrutura corporal. A escultura da Grécia e de Roma preserva as ideias dessas civilizações relativamente às proporções ideais da figura humana. É interessante ver nas suas esculturas a oscilação do pêndulo de aprovação de atletas de ombros largos, de corpo grosso, quadrado e muito musculado, para atletas mais magros, mais flexíveis e cujas figuras são mais representativas das capacidades de coordenação fina. Desde os primeiros tempos, tem-se recorrido continuamente à medição antropométrica para determinar a sua relação com o desempenho em diferentes jogos e desportos.

As variáveis antropométricas, como o peso, a altura em pé, a altura sentada, o comprimento do pé, o comprimento da perna dianteira, o comprimento da coxa, o comprimento da perna e a largura dos ombros, estão relacionadas com um desempenho ótimo e hábil em desportos colectivos e individuais.

4.4 EFEITO ANTROPOMÉTRICO

A antropometria constitui a forma mais antiga de medição em educação física, como se poderia supor.

O estudo do físico humano e das suas proporções começou há muitos séculos. Os primórdios remontam à remota civilização da Índia, onde um tratado chamado "Slip Astir" analisava o contorno do corpo, dividindo-o em 480 partes. A antropometria evoluiu na tentativa de determinar as proporções ideais do corpo e os artistas e escultores direccionaram o seu estudo para esta área, como demonstram as obras de arte das primeiras civilizações. Os artistas foram os principais responsáveis pela antropometria até 1835, quando um matemático de Bruxelas, o Barão Quenelle, aplicou métodos matemáticos puramente para descobrir as constantes físicas do corpo humano e provou que a lei binomial (lei do acaso) se aplica às proporções humanas. Esta descoberta foi confirmada cerca de 50 anos mais tarde por Sir Francis Galton, que analisou sistematicamente a medição de certas constantes físicas de homens e mulheres ingleses. Em 1854, um alemão chamado Cares propôs uma base anatómica para determinar as proporções corporais. Pouco tempo depois, Easing, na Bélgica, e Cromwell, em Inglaterra, estudaram o crescimento de crianças em idade escolar. (Clarke e Clarke, 1989)

A primeira aplicação da antropometria na educação física começou com o Dr. Edward Hitchcock em 1861, quando realizou um estudo das medidas antropométricas dos homens do Amherst College, levando à publicação de tabelas antropométricas quase anualmente durante 40 anos. O objetivo da antropometria foi descrito por Hitchcock como a determinação do homem ideal ou típico como um guia para promover o desenvolvimento de indivíduos normais. Hitchcock fornecia aos seus alunos uma tabela com os resultados médios associados a diferentes variáveis, em relação aos quais o aluno podia traçar os seus próprios resultados. Em 1886, Sergeant publicou uma tabela antropométrica baseada em 6 anos de exames de estudantes de Harvard. Sergeant incluiu a capacidade pulmonar e certas medidas de força juntamente com várias medidas de proporção física e expressou os resultados em percentis. De 1885 a 1900, foram efectuados estudos antropométricos em diferentes instituições universitárias, envolvendo cerca de 8000 homens e mulheres. Em 1890, Saver publicou o que se revelou ser o livro americano pioneiro sobre as medidas físicas do corpo, tendo sido posteriormente revisto duas vezes. (www.en.wikipedia.com)

A medição antropométrica para avaliação do estado físico foi alargada muito naturalmente para incluir a consideração dos tipos de corpo e a relação do físico com a saúde, imunidade a doenças, postura, desempenho físico e qualidades de personalidade. Rapidamente se reconheceu que um único físico ideal era impraticável e irrealista. Na verdade, foi Hipócrates quem primeiro se apercebeu desse facto e classificou os seres humanos de acordo com dois físicos básicos - longo e magro ou curto e grosso. Kretschmer, o pai do corpo moderno ou da somatotipagem, definiu três tipos, acrescentando um meio e referiu-se a eles como asténico (magro), atlético e pícnico (pesado) (Clarke e Clarke, 1989).

4.5 IMPLICAÇÕES ANTROPOMÉTRICAS

Ao descrever os padrões morfológicos caraterísticos dos grupos de atletas, é importante restringir a análise de várias maneiras.

- Em primeiro lugar, subjacente ao estudo destes padrões corporais, é essencial que, sempre que possível, os antropometristas e os cientistas do desporto relacionem as formas como as diferenças nas medidas corporais afectam o desempenho, em vez de se limitarem a descrever o fenótipo. Reconhece-se, no entanto, que mesmo entre treinadores e cientistas experientes esta não é uma tarefa fácil.
- Em segundo lugar, para além dos constrangimentos de tempo, despesas e disponibilidade do atleta, as medições antropométricas incluídas em qualquer análise devem ser os locais que são facilmente localizados e informativos. Deve ser incluído um número de locais que se sabe estarem sob forte influência genética (por exemplo, medidas ósseas), bem como os locais sensíveis a alterações após intervenções de treino (por exemplo, dobras cutâneas e a maioria dos perímetros).
- Em terceiro lugar, os resumos de dados retirados da literatura para fins comparativos têm de ter sido recolhidos recentemente, exceto se houver uma razão específica para proceder de outra forma (ver evolução do tamanho do corpo abaixo). A este respeito, sugere-se que os dados não tenham mais de 15 a 20 anos. Isto deve-se ao facto de as formas corporais dos atletas selecionados pelos desportos estarem a evoluir ao longo do tempo, bem como sob a influência de alterações no equipamento, na tecnologia, nas regras e no estatuto profissional. Como pano de fundo para estas alterações está o processo contínuo de avaliação do tamanho do corpo na população em geral. Todos estes factores têm impacto nos desportos de forma a modificar as pressões de seleção dos tipos de corpo e a alterar a população potencial de atletas a partir da qual é feita a seleção. Mesmo mudanças como a perceção do estatuto do desporto, o seu prestígio (por exemplo, a inclusão no programa olímpico) e o dinheiro envolvido no jogo podem ter impacto na morfologia dos jogadores, aumentando o conjunto de potenciais atletas com uma predisposição para esse desporto. Outras alterações no treino, na dieta e na utilização de ajudas ergogénicas também servem para aperfeiçoar as estruturas corporais, aumentando e diminuindo determinadas massas de tecido, pelo que estes factores devem ser considerados.
- Em quarto lugar, em alguns desportos existe uma interface importante entre o atleta e o equipamento externo. Por exemplo, a corrida de bicicleta é um dos desportos em que o desempenho é determinado pela interação entre a potência do corpo e um dispositivo mecânico. Por conseguinte, neste caso, seria importante considerar tanto a bicicleta como a antropometria dos ciclistas nas análises biomecânicas do desempenho do ciclismo.
- Por último, em muitos desportos existem posições especializadas ou jogadores com responsabilidades específicas. Nestes eventos, deve reconhecer-se que a exigência da tarefa

especializada determinará os tipos de corpo dos selecionados para a posição. Por exemplo, os guarda-redes no futebol, lacrosse, hóquei, pólo aquático, centrais e guardas no basquetebol, etc. Nos desportos de equipa, como o futebol, existem equipas de especialistas ofensivos e defensivos, pontapés e lançadores (por exemplo, quarterback). Os saltadores em comprimento, em altura e triplos são frequentemente agrupados para análises da estrutura corporal (Carter, Ross, Aubry, Hebbelinck & Borms, 1982; Withers, Craig et al., 1987), apesar da natureza específica de cada evento e da concomitante otimização morfológica em cada disciplina. Por conseguinte, é desejável, sempre que os números o permitam, considerar estes e outros grupos de atletas de forma independente. Se pudermos medir regularmente as caraterísticas anatómicas destes atletas, juntamente com aspectos da fisiologia e do desempenho, isso ajudará a melhorar a resolução para determinar a ligação entre a estrutura humana e o desempenho desportivo.

De um modo geral, os fenótipos que hoje são bem sucedidos para os atletas podem ser modificados noutra altura, com outro conjunto de regras ou quando o equipamento é melhorado com os avanços tecnológicos. A ocasião em que um atleta podia ganhar medalhas de ouro olímpicas no lançamento do peso e do disco, para além da prata no salto em altura e no salto em comprimento, pertence a um passado distante. De facto, já passou quase um século desde que o atleta norte-americano Robert Garrett conseguiu este feito notável nos Jogos Olímpicos de Atenas em 1896 (Conners, Dupuis & Morgan, 1992).

4.6 PAPEL DA ANTROPOMETRIA NO DESEMPENHO

As medidas antropométricas desempenham um papel importante no desempenho dos jogos e desportos nas competições nacionais ou inter-nacionais; existe uma margem muito reduzida para ocupar as primeiras posições. O físico de um indivíduo ajuda muito a alcançar um melhor desempenho e a obter as posições de topo. O físico refere-se ao tamanho, à forma e ao feitio de um indivíduo. As medidas antropométricas, as variáveis fisiológicas e os traços psicológicos afectam o desempenho, melhorando a condição física, a técnica e a tática.

Vários cientistas desportivos concluíram que o desempenho de alto nível numa determinada prova exige um tipo específico de tamanho e composição corporal.

É frequente perguntar-se: "O que é que faz um atleta de sucesso?" A resposta é obviamente multifacetada e envolve a ênfase numa série de factores, incluindo caraterísticas fisiológicas, biomecânicas e de aptidão em diferentes desportos. As dimensões antropométricas do atleta, que reflectem a forma, a proporcionalidade e a composição do corpo, são variáveis que desempenham um papel (por vezes importante) na determinação do potencial de sucesso num determinado desporto.

É de salientar que, para responder a esta questão, é essencial analisar os dados relativos aos melhores desempenhos (classe mundial), uma vez que outras caraterísticas que contribuem para o sucesso, para além da antropometria (por exemplo, o nível de aptidão adquirida e a condição física), tendem a ser optimizadas e semelhantes entre os atletas de elite. Até certo ponto, isto isola um grupo de atletas que atingiram o pico de desempenho e que têm histórias de treino e atributos fisiológicos semelhantes. Por conseguinte, se existir um tipo de corpo ideal para determinados desportos, apenas os atletas com essa forma corporal ideal continuarão a ser competitivos. Assim, nos desportos desenvolvidos, apresenta-se uma morfologia caraterística. Isto é particularmente verdadeiro para os níveis profissionais do desporto e ainda mais para aqueles que se destacam dentro deste subconjunto competitivo. No processo de otimização das estruturas corporais adequadas ao desporto, haverá sempre um grande número de "pressões de seleção" concorrentes sobre o atleta. As formas corporais distintas que se encontram hoje em dia nos desportos devem-se tanto à seleção natural de tipos de corpos atléticos bem sucedidos ao longo de gerações consecutivas como a uma adaptação às exigências de treino da geração atual. O culminar de uma forma e composições corporais "finais" resulta daquilo a que chamamos otimização morfológica.

4.7 ANTROPOMETRIA EM RELAÇÃO AO DESEMPENHO MOTOR

Numerosas evidências demonstraram que o tamanho do corpo e a força contribuem para o desempenho motor. O aumento da força está relacionado com o aumento da massa muscular total (Ostojic, Mazic, & Dikic, 2006). Uma correlação positiva significativa entre a força e o desempenho indica que os indivíduos mais fortes são os que apresentam melhor desempenho (Ball, Massey, Misner, Mckeown, & Lohman, 1992). No entanto, o padrão de melhoria da força e do desempenho físico não é uniforme em todas as tarefas. A força pode ser importante para o desempenho bem sucedido de alguns desempenhos motores, mas não tão importante para outros. É provável que o desempenho relacionado com eventos de potência apresente uma tendência semelhante à da força. O físico e a estrutura corporal têm geralmente uma relação significativa com o desempenho físico (Gabbett & Georgieff, 2007). No entanto, o físico não influencia de forma significativa o desempenho, exceto nos extremos do continuum. Um elevado grau de endomorfia limita definitivamente a capacidade de desempenho físico, enquanto um elevado grau de mesomorfia está mais adaptado ao desempenho motor. No entanto, as correlações entre o físico, a força e o desempenho são, na melhor das hipóteses, moderadas e não suficientemente elevadas para efeitos de previsão (Malina, 1975).

As correlações entre a espessura das pregas cutâneas e o desempenho são consistentemente negativas, sugerindo o efeito negativo da gordura no desempenho motor (Vucetic, Matkovic, & Sentija, 2008). A gordura corporal influencia o desempenho físico tanto a nível mecânico como metabólico (Boileau & Lohman, 1997). Mecanicamente, o excesso de gordura é prejudicial ao desempenho que envolve a aceleração do peso corporal, porque acrescenta ao corpo uma massa que não produz força. Metabolicamente, o excesso de gordura aumenta o custo metabólico da realização de trabalho em actividades que requerem o movimento da massa corporal total. Assim, seria de esperar que, na maioria dos tipos de desempenho que envolvem a translocação da massa corporal, uma baixa percentagem de gordura relativa fosse vantajosa, tanto no sentido mecânico como metabólico. É de notar que as análises de tipo correlação que relacionam uma dimensão corporal específica com o desempenho motor podem ter as suas limitações. Os factores antropométricos que influenciam a força e o desempenho estão eles próprios relacionados, pelo que um conjunto de dimensões antropométricas selecionadas seria responsável por uma variação significativa do desempenho físico (Slaughter, Lohman, & Boileau, 1982). Utilizando o procedimento de regressão step-down, a altura, o perímetro do braço, as pregas cutâneas do abdómen e da barriga da perna foram identificados como factores de previsão significativos do desempenho físico. A análise da correlação canónica em dois conjuntos de variáveis, antropométricas e de desempenho físico, também indicou que as crianças com maior peso, volume da coxa e altura terão um bom desempenho em medidas de desempenho que exijam uma produção de trabalho de alta intensidade (Docherty & Gaul, 1991).

Os estudantes-atletas distinguem-se dos seus pares pelo facto de serem bem sucedidos no desporto. Além disso, também recebem treino físico regular e estão mais ativamente envolvidos em actividades desportivas do que os seus pares. Sabe-se que o treino físico regular acelera a taxa de desenvolvimento do desempenho físico (Gabbett, Johns, & Riemann, 2008). O aumento do desempenho físico, por sua vez, pode ser consistente com o sucesso em muitas actividades desportivas. Por exemplo, o desempenho a nível competitivo pode exigir a geração rápida de forças elevadas para atingir uma velocidade suficientemente elevada em movimentos como o lançamento, o salto, o pontapé ou o sprint (Thorland, Johnson, Tharp, & Housh, 1988). Evidentemente, os atletas de alto rendimento requerem perfis biológicos específicos com uma capacidade bio-motora excecional e fortes caraterísticas psicológicas. A qualidade biométrica ou as medidas antropométricas de um indivíduo são importantes para vários desportos e, por isso, são consideradas um dos principais critérios de sucesso em muitos desportos (Bompa, 1999). No entanto, que caraterísticas físicas são importantes para o sucesso em diferentes tipos de desempenho físico? Teoricamente, seria de esperar que aqueles que são bem sucedidos tivessem as estruturas apropriadas, proporcionais à sua tarefa de desempenho físico. A investigação revelou provas irrefutáveis de diferenças no tamanho do corpo entre atletas de diferentes desportos, quer sejam medidas pelo peso, altura, comprimentos, larguras, circunferências ou dobras cutâneas; entre desportos ou dentro de cada desporto (Bayios, Bergeles, Apostolidis, Noutsos, & Koskolou, 2006; Gabbett & Georgieff, 2007; Ziv & Lidor, 2009). Por conseguinte, um estudo da diferença entre a estrutura corporal e a tarefa motora é importante para uma melhor compreensão dos aspectos importantes do físico. O objetivo deste estudo foi determinar os atributos antropométricos e o estado do desempenho motor de universitários malaios com base no género e no desporto. Além disso, esta investigação também determinou as caraterísticas antropométricas que são os factores que contribuem significativamente para o desempenho motor. Esta informação pode ser utilizada como orientação para uma seleção, treino e previsão mais precisos para o sucesso futuro.

4.8 ANTROPOMETRIA EM RELAÇÃO AO DESEMPENHO NO CRÍQUETE

As medidas antropométricas desempenham um papel importante no lançamento rápido, no lançamento em campo e na execução de pancadas no críquete. Certas medidas antropométricas são vantajosas para um bom desempenho no lançamento rápido, no lançamento em campo e no batedor de críquete, como, por exemplo, o comprimento do braço, que ajuda o lançador a lançar rapidamente. A altura é um fator importante no lançamento rápido, o que é evidente pelo facto de a maioria dos grandes lançadores rápidos ter uma vantagem em termos de altura.

5. RAZÕES PARA A SELECÇÃO DO TEMA E DAS VARIÁVEIS

Toda a gente está ansiosa por conhecer o futuro com bastante antecedência. Por isso, a previsão desempenha um papel fundamental nos assuntos quotidianos. A perfeição na previsão faz grandes mudanças no estilo de vida de muitos indivíduos no resultado dos seus compromissos.

As previsões são obviamente sólidas se se revelarem corretas. Um dos frutos mais importantes da investigação científica e um dos testes mais exigentes de qualquer hipótese é a sua previsão. As previsões que os investigadores estatisticamente orientados fazem não se cegam perante os seus fracassos, mas revelam-nos claramente.

Tal como um pedagogo e um economista prevêem certas coisas nos seus respectivos domínios, uma pessoa muito envolvida em desportos e jogos também prevê os resultados possíveis nos desportos e jogos. O treinador é, de certa forma, uma pessoa competente para fazer previsões sobre os resultados do jogo a disputar no futuro. Isto pode ser bem observado na seleção dos jogadores com base no seu desempenho para fazer face às futuras emergências num campo de jogos. Um treinador está, de facto, a explorar as capacidades inerentes adormecidas em cada jogador.

A previsão e a explicação de factores científicos podem ser justificadas como o aspeto mais importante da investigação aplicada. A previsão de um acontecimento que vai ter lugar ou a previsão a nível dos jogadores de alto nível pode ser determinada com maior exatidão através de uma série de medidas em várias competências e parâmetros específicos de um determinado jogo.

A previsão pode ser definida como o ato de prever o futuro e o presente. Tal como o pedagogo e o economista prevêem certas coisas nos seus respectivos domínios, uma pessoa envolvida em desportos e jogos também pode prever os resultados possíveis. (Mathews, 1978)

Uma das formas em que os testes têm sido utilizados com frequência crescente é como previsões de vários aspectos do comportamento motor. Durante muitos anos, os treinadores interessaram-se por testes que permitissem prever o sucesso no seu desporto. Nalguns casos, a previsão envolveu o atletismo olímpico; outros esforços foram dirigidos aos atletas universitários. Foram também desenvolvidos esforços para prever o envolvimento a longo prazo na atividade física. Na fisiologia do exercício, os resultados de um teste de aptidão física podem ser utilizados para estimar o consumo máximo de oxigénio. A percentagem do corpo de uma pessoa que pode ser prevista utilizando indicadores como os testes de espessura das dobras cutâneas. Estes são apenas dez exemplos da utilização generalizada de testes como factores de previsão na educação física e nas ciências do exercício.

A previsão pode ser utilizada para efeitos de avaliação, o sucesso futuro de um atleta numa área ou competência específica pode ser previsto através de uma avaliação adequada. O estado atual numa determinada área de competência é utilizado para prever o sucesso futuro nessa mesma área. Os participantes em vários aspectos podem ser aconselhados a participar em actividades em que têm mais hipóteses de sucesso através da previsão.

O investigador analisou uma série de artigos científicos, livros e revistas e descobriu que variáveis antropométricas, de aptidão física e motoras baseadas no desempenho desempenham um papel dominante nos jogadores de críquete do nível universitário. A antropometria é um fator de interesse para prever os componentes motores baseados no desempenho. Por isso, o investigador selecionou a investigação intitulada "Antropometria como preditor de componentes motoras baseadas no desempenho". Para efeitos deste estudo, o investigador mediu variáveis antropométricas selecionadas, Peso, Altura em pé, Comprimento da perna, Comprimento do braço, Perímetro do braço superior, Perímetro do braço anterior, Diâmetros do cotovelo, Diâmetros do pulso, Perímetro do peito, Perímetro da barriga da perna, Relação cintura/altura e percentagem de gordura corporal (bíceps, tríceps, subescapular, supra-ilíaca) e componentes motoras baseadas no desempenho selecionadas, Velocidade, Agilidade, Equilíbrio e Tempo de reação, respetivamente.

Declaração do problema

O enunciado do problema é o seguinte: **"A antropometria como fator de previsão dos componentes motores baseados no desempenho".**

Objectivos do estudo

1. O objetivo do estudo era descobrir a correlação entre a variável dependente (componente motora baseada no desempenho) e as variáveis independentes (caraterísticas antropométricas selecionadas).
2. Outro objetivo do estudo era descobrir a contribuição conjunta das variáveis independentes (caraterísticas antropométricas selecionadas) na previsão da variável dependente (componente motora baseada no desempenho).
3. Estabelecer uma equação de regressão para prever a variável dependente (componente motora baseada no desempenho) com base nas variáveis independentes (caraterísticas antropométricas selecionadas).

Delimitações

1) O estudo foi delimitado às seguintes variáveis antropométricas selecionadas.

a) Peso

b) Altura de pé

c) Comprimento da perna

d) Comprimento do braço

e) Perímetro do braço

f) Perímetro do antebraço

g) Diâmetro do cotovelo

h) Diâmetro do pulso

i) Perímetro do peito

j) Perímetro da barriga da perna

k) Rácio cintura/altura

l) Percentagem de gordura corporal

2) O estudo foi delimitado ao seguinte motor selecionado com base no desempenho componentes.

a) Velocidade

b) Agilidade

c) Equilíbrio

d) Tempo de reação

3) O estudo foi delimitado apenas a jogadores de críquete do sexo masculino.

4) O estudo foi delimitado a jogadores de críquete de elite e de sub-elite.

5) O estudo foi delimitado a todos os jogadores de críquete inter-universitários e inter-universitários da Índia.

6) No total, foram selecionados 80 jogadores de críquete, 40 de cada grupo, ou seja, jogadores de críquete de elite e de sub-elite.

7) A idade dos indivíduos variava entre os 19 e os 28 anos.

Limitações

Foram considerados como limitações do estudo determinados factores como a dieta, a rotina diária, os hábitos, as instalações, a formação, o estatuto socioeconómico, as condições geográficas, etc., que podem afetar os resultados do estudo.

Hipótese

O investigador recolheu informações através da literatura e com a consulta de peritos. São formuladas as seguintes hipóteses.

1. Não se verificará qualquer correlação significativa entre a variável dependente (componentes

motoras baseadas no desempenho) e as variáveis independentes (caraterísticas antropométricas selecionadas).

2. Não deve haver qualquer contribuição conjunta significativa das variáveis independentes (caraterísticas antropométricas selecionadas) na previsão da variável dependente (componentes motoras baseadas no desempenho).

Definição e explicação dos termos

Antropométrico:

O estudo das medidas do corpo humano para fins de classificação e comparação antropológica.

Previsão:

É a afirmação de que um determinado evento ocorrerá no futuro.

Equação:

É o ato ou processo de igualar ou de ser igualar o estado de ser igual matemática

Componente do motor baseado no desempenho:

A componente motora baseada no desempenho diz respeito à execução de habilidades desportivas de forma melhor e mais eficiente.

Elite:

Os jogadores de elite seriam os jogadores das equipas semifinalistas do torneio de críquete interzonal.

Sub-Elite:

Os jogadores de sub-elite seriam os jogadores que participam no torneio interuniversitário.

Importância do estudo

1) O estudo revelaria as medidas antropométricas dos jogadores de críquete de elite e de sub-elite
jogadores.

2) O estudo poderá ajudar os professores de educação física e os treinadores a analisar as futuros jogadores de críquete masculinos de elite e de sub-elite.

3) No futuro, os seleccionadores poderão ter em devida consideração os caraterísticas antropométricas que estão diretamente relacionadas com a componente motora baseada no desempenho.

4) Os resultados podem ser úteis para a autoavaliação dos jogadores de críquete.

Capítulo - II
REVISÃO DA LITERATURA RELACIONADA

O estudo da literatura relacionada é um aspeto crucial do planeamento e o tempo gasto nesse estudo é invariavelmente considerado um investimento. A revisão da literatura é uma tarefa que exige uma visão profunda e uma perspetiva clara do campo geral. É um passo crucial que invariavelmente minimiza o risco de becos sem saída, tópicos rejeitados, esforços desperdiçados, tentativas e erros ativamente orientados para abordagens já descartadas por investigadores anteriores e, ainda mais importante, conclusões erróneas baseadas numa conceção de investigação defeituosa. A revisão da literatura promove uma maior compreensão do problema e dos seus aspectos cruciais e assegura que se evitem duplicações desnecessárias. Fornece igualmente dados comparativos com base nos quais se pode avaliar e interpretar o significado dos resultados obtidos. A revisão da literatura no domínio em causa ajuda a localizar o problema de investigação, bem como a orientar e apoiar o trabalho de investigação em curso.

O estudo da literatura relacionada implica a localização, a leitura e a avaliação de relatórios de investigação e de pareceres relacionados com o projeto de investigação planeado pelo indivíduo.

No presente estudo, embora não tenha sido possível, por parte do investigador, ter acesso a todos os estudos publicados e não publicados no domínio, foi feita uma tentativa de apresentar alguns estudos relacionados com o problema em questão.

Miroljub Ivanovic et. al. (2011) nesta investigação, o autor procura determinar a extensão da previsão da resistência de velocidade (critério), de acordo com algumas variáveis antropométricas e motoras (preditor). Foram examinados 174 alunos do sexo masculino e feminino (N=174), que frequentam o quarto ano da escola primária em Valjevo. As caraterísticas morfológicas foram examinadas utilizando 14 medidas antropométricas padrão e a capacidade motora com 6 baterias de testes, enquanto a resistência à velocidade foi verificada com o teste de corrida de 3 minutos. Foi utilizada a análise hierárquica múltipla para o tratamento estatístico dos dados. Ao nível da significância ($p<.05$), os resultados obtidos mostram que as variáveis preditoras definidas entre os rapazes, com uma correlação múltipla média de R=.59, explicam 21% da variabilidade do critério. A direção máxima positiva da correlação univariante estatisticamente significativa das variáveis tem os seguintes coeficientes padronizados não nulos das variáveis de regressão: salto em comprimento em pé, elevação do tronco e flexão do tronco, enquanto a massa corporal tem uma contribuição negativa para o critério ($8 = -38$, $p < .01$). O coeficiente de correlação múltipla das raparigas tem intensidade média (R=.53) e mostra que os determinantes preditores avaliam

criterion variance with the 19% on the level of statistical significance, which is less than 5%. O valor preditivo positivo mais elevado com o teste para a avaliação das capacidades funcionais tem as seguintes variáveis motoras: bater com a mão, salto em comprimento em pé e resistência de queixo;

enquanto o coeficiente Beta do preditor de polígono para trás (8= -33, p< .03) tem um impacto negativo significativo na resistência aeróbica. Os resultados alcançados do modelo de regressão multivariada indicam ao facto de que os conjuntos de preditores aplicados de variáveis antropométricas e motoras na população pré-adolescente podem servir de base, de forma fiável, para futuras investigações longitudinais de campos antropológicos. Neste trabalho são também debatidas as implicações teóricas e práticas dos resultados obtidos.

Aman Singh Sisodiya et. al. (2010) Realizaram o estudo com o objetivo de determinar a relação entre as medidas antropométricas e a capacidade de jogar basquetebol (teste de basquetebol jonshon). Para este estudo, foram selecionados 50 jogadores de basquetebol do sexo masculino e 50 jogadores de basquetebol do sexo feminino a nível nacional do estado do Rajastão. O presente estudo revelou uma relação insignificante com o teste de velocidade de remate (capacidade de jogar basquetebol) e com o lançamento para precisão ao nível escolhido, mas o valor da correlação produto-momento é bastante mais elevado, o que pode ser entendido como um contributo do tamanho do corpo para a capacidade de jogar basquetebol quando combinado com outras variáveis. Os resultados do estudo mostram que a relação entre o peso corporal e a capacidade de jogar basquetebol é insignificante, o que pode ser atribuído ao facto de os jogadores de basquetebol não necessitarem de um corpo volumoso, o que pode ocultar o desempenho dos jogadores. Os resultados revelam que existe uma relação insignificante entre o comprimento da perna e o teste de velocidade da bola de campo e o teste de drible (capacidade de jogar basquetebol), não tendo sido encontrada qualquer relação significativa com a precisão do lançamento da bola. Isto deve-se ao facto de uma perna com um bom comprimento, mas sem força explosiva, ser um fator que contribui para a velocidade e a capacidade de salto necessárias para o desempenho no jogo de basquetebol. No caso do teste de velocidade de remate, de precisão da capacidade de jogo, verificou-se uma diferença significativa entre o perímetro da coxa (medida antropométrica), uma vez que o valor calculado (20,1864) (0,2445) foi superior ao valor da tabela (0,195) ao nível de significância de 0,05, não tendo sido encontrada qualquer relação significativa com o teste de drible. No caso do teste de velocidade de remate e do lançamento para a precisão da capacidade de jogo, verificou-se uma diferença significativa entre o perímetro da barriga da perna (medida antropométrica), uma vez que o valor calculado (0,3440)(0,2490) foi superior ao valor da tabela (0,195) ao nível de significância de 0,05 e não foi encontrada qualquer relação significativa com o teste de drible. No caso do teste de velocidade de remate e do teste de drible da capacidade de jogo, verificou-se uma diferença significativa entre a circunferência do braço (medida antropométrica), uma vez que o valor calculado (0,4096)(0,4685) foi superior ao valor da tabela (0,195) ao nível de significância de 0,05 e não foi encontrada qualquer relação significativa com a precisão do lançamento. Um braço com um bom comprimento pode ser um fator que contribui para algumas das capacidades de basquetebol, tais como passes longos, remates, etc., mas sem uma boa força pode ser um fator que contribui para a capacidade de jogar basquetebol. Os dados foram analisados utilizando a correlação produto-momento de Pearson (r) para avaliar a relação entre a capacidade de jogar basquetebol e a variável selecionada das medidas antropométricas.

Naser Rashiti et. al. (2010) Realizaram o estudo com o objetivo de determinar a velocidade de corrida na pista de atletismo , que depende principalmente de movimentos racionais, da capacidade de correr sem esforço desnecessário e do nível de persistência da velocidade do corredor. Existe a opinião de que os melhores velocistas nos 100 m terminam a sua aceleração inicial aos 22-30 metros. No entanto, a análise mostra que, nesse período, o velocista atinge 90-95% da velocidade máxima. A maior parte dos velocistas atinge a velocidade máxima apenas nos 50-55 m. Depois disso, a velocidade máxima é mantida apenas nos 25-30 m e, sobretudo, depois disso, diminui, devido à dificuldade de manter a frequência ideal e o comprimento dos passos no final da corrida. A corrida representa o principal meio de preparação física e, em geral, do corpo humano (Findak, 1996). É um dos meios mais universais de preparação desportiva e é utilizada em todos os desportos (Cuka, 2004). Os movimentos atléticos são formas básicas de movimento com a componente filogenética mais declarada em que os conhecimentos motores fundamentais estão guardados desde a existência humana até aos dias de hoje (Burton's Miller, 1998). Mas, quando o desporto do atletismo se especializou e se enriqueceu com mais disciplinas, então o treino dessas disciplinas tornou-se específico para cada uma delas (Bowerman i sur. 1999). A capacidade de velocidade, apesar da sua estrutura cinemática e dinâmica ser relativamente simples, não é explicada corretamente pela sua conetividade com a subárea antropológica específica (Hoffman, 1986; Tontchev, 1999). O objetivo deste estudo é a verificação e a análise das relações das caraterísticas morfológicas e motoras da corrida de 100m. Também, o outro objetivo é verificar qual o impacto do conhecimento motor no resultado da corrida curta em alunos do ensino básico (15 anos de idade). Este estudo tem como objetivo a implementação prática e a avaliação de actividades para o desenvolvimento da força de velocidade (força explosiva), de forma a aumentar os resultados técnicos dos alunos, nomeadamente do sexo feminino (15 anos).

Campos, et. al. (2009) Realizou o estudo com o objetivo de determinar o perfil antropométrico e o desempenho motor de jogadores juniores de badminton. Este estudo teve como objetivo avaliar o perfil antropométrico e o desempenho motor de jovens atletas de badminton. A amostra foi composta por 20 atletas (10 atletas do sexo masculino, com idade média de 17,24±1,18 anos e 10 atletas do sexo feminino, com idade média de 15,21±2,06 anos) da seleção brasileira júnior de badminton. Foram avaliadas as seguintes variáveis: peso corporal; estatura; dobras cutâneas; força/resistência abdominal; arremesso de medicine ball; velocidade de 20 metros; saltos verticais: salto vertical de agachamento, salto vertical de contramovimento; e potência aeróbica. Para a análise dos dados, foram utilizadas estatísticas descritivas (médias e desvios-padrão) e o teste t de Student. As diferenças foram consideradas significativas ao nível de $p<0,05$. Os resultados encontrados neste estudo em relação aos atletas do sexo masculino e feminino foram, respetivamente: peso corporal (68,0±7,8 e 61,74±6,85 kg), estatura (172,4±0,5 e 163,8±0,3 cm), somatório das sete dobras cutâneas (83,21±22,02 e 131,58±29,36 mm), força/resistência abdominal (33±3,3 e 28±5.8 n), arremesso de medicine ball (7,54±1,01 e 6,98±0,78 m), velocidade de 20 metros (3,12±0,08 e 3,5±0,14 segundos), salto vertical de agachamento (36,7±6,0 e 27,2±2,1 cm), salto vertical de contramovimento (39,3±5,7 e 28,1±2,4 cm) e VO2máx (49,68±2,48 e 42,92±2,94 ml/kg/min-1). Os resultados do presente estudo descrevem caraterísticas antropométricas e de testes motores de jovens atletas da seleção brasileira júnior de badminton. Eles também podem ajudar os treinadores na identificação e escolha de novos atletas de badminton.

Caruso JF, et. al. (2009) Conduziram o estudo para determinar a antropometria como preditor do desempenho a alta velocidade, os sujeitos realizaram quatro exercícios sentados de extensão do joelho e da anca com a perna esquerda num simulador de exercício inercial (Impulse Technologies, Newnan GA). Os exercícios, realizados exclusivamente no modo contrátil tónico ou fásico, consistiam em duas séries de um minuto separadas por um período de repouso de 90 segundos e produziram três variáveis de desempenho: força máxima, força média e trabalho. Os sujeitos forneceram os seguintes dados antropométricos: altura, peso, índice de massa corporal, bem como os comprimentos total, superior e inferior da perna esquerda. Através de regressões múltiplas, a antropometria tentou prever a variância por variável de desempenho. A antropometria explicou um grau modesto ($R2=0,27-0,43$), mas significativo, da variância dos treinos do simulador de exercício inercial. A antropometria foi um melhor preditor da variância da força de pico dos treinos fásicos, enquanto que foi responsável por um grau significativo da variância da força média e do trabalho apenas dos treinos tónicos. A investigação futura deve identificar as variáveis que explicam a variação inexplicada do desempenho do exercício a alta velocidade.

Radmila Kostic, et. al. (2009) Realizou o estudo para determinar a natureza da relação entre as caraterísticas antropométricas e as capacidades de coordenação numa amostra de raparigas e rapazes. A amostra de sujeitos era constituída por 91 rapazes e 85 raparigas. Todos eles eram alunos do primeiro ano do ensino básico do NEI. Foram utilizadas três medidas para a avaliação da dimensionalidade longitudinal (altura do corpo, comprimento da perna e comprimento do braço), três medidas para a avaliação da dimensionalidade transversal (largura do ombro, largura pélvica e largura da anca), cinco medidas para a avaliação da dimensionalidade circular e massa corporal (peso corporal, volume do tórax, volume do braço, volume da coxa e volume da barriga da perna) e cinco medidas para a avaliação do tecido adiposo subcutâneo (pregas cutâneas tricipital, subescapular, abdominal, da coxa e da barriga da perna). Para a avaliação das capacidades coordenativas foram utilizados os seguintes instrumentos de medição: salto à corda horizontal, 20 passos laterais com bastão e correr e rolar (teste recentemente construído). Uma análise multivariada da variância mostrou que existe uma diferença estatisticamente significativa entre as capacidades de coordenação dos rapazes e das raparigas ao nível de p=0,003. Não existe uma relação estatisticamente significativa entre as caraterísticas antropométricas e as capacidades coordenativas para a amostra de rapazes, enquanto que existe para as raparigas. O fator canónico resultante das caraterísticas antropométricas foi definido como o fator da dimensionalidade transversal, dimensionalidade circular e tecido adiposo subcutâneo, e o fator canónico das capacidades coordenativas foi definido como o fator geral da coordenação.

Kuk Yuen Lum Eunice, (2008) realizou o estudo com o objetivo de determinar a relação entre as proporções corporais e o desempenho motor é sempre um tema discutível. Neste estudo, foi examinada a relação entre o desempenho das capacidades motoras e as medidas antropométricas dos segmentos corporais em crianças do jardim de infância. Participaram no estudo 31 crianças do sexo masculino (n = 31) e 29 do sexo feminino (n = 29), com idades compreendidas entre os 3 e os 5 anos. Doze competências motoras fundamentais do Test of Gross Motor Development-Second Edition (TGMD-2; Ulrich, 2000) e nove medidas antropométricas foram examinadas nas crianças K1, K2 e K3 do Jardim de Infância da Universidade Batista de Hong Kong. O resultado do teste de correlação bivariada indicou que existia uma relação positiva significativa entre o subteste locomotor, o subteste de controlo de objectos e oito das medidas corporais ($p < 0,05$): estatura, peso corporal, comprimento da coxa, comprimento da perna, comprimento do pé, comprimento do braço, comprimento do antebraço e comprimento da mão. Além disso, duas equações de regressão separadas indicaram que o comprimento da coxa e o comprimento da mão foram a melhor combinação linear de variáveis que explicam a variância para as pontuações brutas do subteste locomotor ($r = 0,680$, $p < 0,05$); enquanto que o comprimento do pé e o comprimento da coxa foram a melhor combinação linear de variáveis que explicam a variância para as pontuações brutas do subteste de controlo de objectos ($r = 0,794$, $p < 0,05$).

Sheppard et. al. (2008) conduziram o estudo com o objetivo de determinar os potenciais contribuintes de força, potência e antropometria para as performances de salto vertical que são consideradas específicas para o sucesso no voleibol: o salto em espiga (SPJ) e o salto vertical em contra-movimento (CMVJ). Para avaliar a relação entre a força, a potência e as variáveis antropométricas com o CMVJ e o SPJ, foi efectuada uma análise de correlação e regressão. Além disso, foi efectuada uma comparação das diferenças de força, potência e antropometria entre os sete melhores e os sete piores atletas no teste CMVJ e no teste SPJ. Quando expressas como medidas relativas de massa corporal, foram observadas correlações moderadas (0,53-0,65; $p <= 0,01$) entre as medidas de 1RM e tanto o CMVJ relativo quanto o SPJ relativo. Correlações muito fortes foram observadas entre o desempenho relativo (altura absoluta - altura de alcance em pé) do salto em profundidade e o SPJ relativo (0,85; p <= 0,01) e CMVJ relativo (0,93; p <= 0,01). O melhor componente do modelo de regressão para o CMVJ relativo foi o desempenho do salto em profundidade relativo, explicando 84% do desempenho. O melhor preditor individual para o SPJ relativo foi também o desempenho do salto em profundidade relativo (72% do desempenho), com os modelos de três componentes do salto em profundidade relativo, CMVJ relativo, contribuição do salto em altura (diferença percentual entre o SPJ e o CMVJ), e CMVJ relativo, contribuição do salto em altura e força de pico, explicando 96% e 97%, respetivamente. Os resultados deste estudo demonstram claramente que, numa população de elite de jogadores de voleibol, o desempenho do ciclo alongamento-encurtamento e a capacidade de tolerar cargas de alongamento elevadas, como no salto em profundidade, são fundamentais para o desempenho nos saltos associados ao desempenho no voleibol

E Bénéfice, et. al. (1995) Realizou o estudo para determinar os efeitos da Desnutrição Energética Proteica (DPE) no desempenho motor de crianças senegalesas de 4,5-6,5 anos de idade. As dimensões corporais incluíram peso, comprimentos, circunferências e quatro dobras cutâneas. Os testes de desempenho motor incluíram uma corrida de resistência de 3 minutos, corrida de vaivém de 4 x 10 m, lançamento à distância, salto em comprimento em pé e força de preensão. A amostra era constituída por 147 crianças: 52 crianças que foram hospitalizadas devido a subnutrição grave (grupo UN grave) durante a infância, mas que foram reabilitadas nutricionalmente; 63 crianças que nunca sofreram de subnutrição grave, mas que foram cronicamente expostas a subnutrição ligeira a moderada até ao momento do estudo (grupo UN crónico); e 32 crianças bem nutridas (grupo bem nutrido) de famílias abastadas. Após o ajustamento para o sexo e a idade, o grupo bem nutrido teve um melhor desempenho do que os grupos com subnutrição grave e crónica. A análise de componentes principais resultou em dois factores que explicaram 65% da variação na antropometria e no desempenho motor. Um deles estava relacionado com o peso corporal e o segundo com a composição corporal. Os três grupos nutricionais diferiram significativamente nas pontuações dos componentes principais para os dois factores; as crianças com NU crónico e NU grave também diferiram no segundo fator. A composição corporal, especialmente a baixa massa gorda, parece ser uma caraterística importante para o desempenho motor em crianças cronicamente subnutridas.

Wormgoor S, Harden L, Mckinon W. (julho de 2010) Conduziu o estudo para determinar os preditores antropométricos, biomecânicos e de força isocinética da velocidade de lançamento da bola em lançadores rápidos de críquete de alto rendimento. Avaliámos as dimensões antropométricas, a força isocinética concêntrica e excêntrica de grupos musculares selecionados do joelho e do ombro, e aspectos específicos da técnica de um único lançamento em 28 lançadores rápidos de alto rendimento (idade 22,0 +/- 3,0 anos, velocidade de lançamento da bola 34,0 +/- 1,3 m s(-1)). Foram utilizadas seis câmaras de 50 Hz e o software Ariel Performance Analysis System para analisar os lançamentos rápidos e precisos. Utilizando a correlação de Pearson, foram identificados os parâmetros que mostraram associações significativas com a velocidade de lançamento da bola. Os resultados sugerem que uma maior extensão do joelho da perna da frente no lançamento da bola (r=0,52), o alinhamento do ombro no plano transversal rodado para mais longe do batedor no ataque do pé da frente (r=0,47), uma maior altura do tornozelo durante a passada do lançamento (r=0,44) e uma maior força de extensão do ombro (r=0,39) contribuem significativamente para velocidades de lançamento da bola mais elevadas. As variáveis preditoras não permitiram a sua incorporação num modelo multivariado, o que é conhecido por existir em lançadores menos experientes, sugerindo que os factores que determinam a velocidade de lançamento da bola encontrados noutros grupos podem não se aplicar a lançadores rápidos de alto rendimento.

Stuelcken M, Pyne D, Sinclair P. (dezembro de 2007) Conduziu o estudo para determinar os perfis antropométricos actuais dos lançadores rápidos de críquete australianos de elite, femininos e masculinos, e estabelecer um conjunto de valores de referência úteis para futuras investigações sobre a seleção de jogadores, identificação de talentos e desenvolvimento de programas de treino. Os participantes eram 26 jogadoras (idade média de 22,5 anos, s = 4,5; altura 1,71 m, s = 0,05; massa corporal 66,2 kg, s = 7,5) e 26 homens (idade média de 23,9 anos, s = 3,5; altura 1,88 m, s = 0,05; massa corporal 87,9 kg, s = 8,2) lançadores rápidos. Os perfis antropométricos incluíram a medição das dobras cutâneas e dos comprimentos, larguras e perímetros dos segmentos. Foi também calculada uma série de variáveis derivadas que avaliam a distribuição do tecido adiposo subcutâneo, a zona de sobreposição bivariada, o tamanho e a proporcionalidade relativos do corpo e o somatótipo. Os jogadores de bowling do sexo masculino apresentavam medidas de comprimento, largura e perímetro maiores do que os seus homólogos do sexo feminino. A proporcionalidade foi diferente entre os sexos, sendo que apenas os jogadores do sexo masculino apresentaram caraterísticas que poderiam ser consideradas "grandes" em relação à altura. As jogadoras de bowling tinham uma maior soma de sete dobras cutâneas ($P < 0,001$), eram mais endomorfas ($F(1,50) = 30,18$, $P < 0,001$) e menos mesomorfas ($F(1,50 = 10,85$, $P < 0,01$) do que os jogadores de bowling do sexo masculino. Estes dados de referência devem ser úteis para os profissionais e investigadores interessados no críquete. É necessária mais investigação para esclarecer por que razão apenas os jogadores masculinos de bowling rápido tinham variáveis proporcionalmente grandes em relação à altura.

Pyne DB, Duthie GM, Saunders PU, et. al. (2006 agosto) Realizou o estudo para determinar as relações entre as caraterísticas antropométricas e de força isoinercial e a velocidade de lançamento em lançadores rápidos de críquete juniores e seniores. Os sujeitos eram jogadores de críquete sénior de primeira classe (n = 24; média +/- DP da idade = 23,9 +/- 4,8 anos, altura = 187,4 +/- 4,8 cm, massa = 87,8 +/- 8,4 kg) e juniores representativos (n = 48; média +/- DP da idade = 14,8 +/- 1,3 anos, altura = 175,7 +/- 9,8 cm, massa = 65,8 +/- 12,9 kg) do sexo masculino. Um perfil antropométrico completo, testes de força isoinercial da parte superior e inferior do corpo e velocidade máxima de lançamento (Vpeak) foram avaliados no mesmo dia. Os jogadores seniores tinham uma Vpeak substancialmente mais rápida (126,7 km.h(-1)) do que os juniores (99,6 km.h(-1)), uma massa muscular estimada maior (seniores 40,0 +/- 3,9 kg, juniores 28,3 +/- 5,6 kg), e um maior lançamento do supino e do deltoide (todos p < 0,01). Os melhores preditores múltiplos do Vpeak para os jogadores juniores foram o salto estático, o lançamento do banco, a massa corporal, a percentagem de massa muscular e a altura (correlação múltipla r = 0,86). Para os jogadores seniores, o salto estático e o comprimento do braço correlacionaram-se positivamente com o Vpeak (correlação múltipla r = 0,74). O salto de uma perna em contra-movimento correlacionou-se negativamente com o Vpeak em ambos os grupos. Concluímos que as diferenças no Vpeak entre jogadores juniores e seniores estão relacionadas principalmente com a massa corporal e a força da parte superior do corpo. No entanto, a força da parte inferior do corpo é um fator mais importante para o Vpeak nos jogadores seniores.

Parízková J, Adamec A. (1980 março) O objetivo do estudo foi determinar o estudo longitudinal das caraterísticas antropométricas, de dobras cutâneas, de trabalho e motoras de rapazes e raparigas dos três aos seis anos de idade. Foram seguidos longitudinalmente grupos de crianças em idade pré-escolar: rapazes, n = 36, dos 3,48 aos 6,02 anos e raparigas, n = 22, dos 3,53 aos 6,03 anos. Foram medidas as dimensões antropométricas, a espessura das pregas cutâneas, a reação do sistema cardiovascular a uma carga de trabalho (teste do degrau modificado), o desempenho motor e a força de preensão manual. Os rapazes apresentaram maiores valores de altura, peso, comprimento e medidas circunferenciais, com exceção da coxa. Os rapazes apresentavam também dobras cutâneas mais pequenas e melhores desempenhos nos testes de corrida de 20 metros, salto em comprimento, lançamento de bola de críquete e força de preensão, em comparação com as raparigas. Todas as dimensões antropométricas aumentaram com a idade, mas estes aumentos não tiveram o mesmo carácter. As crianças tornaram-se mais lineares, apesar do aumento relativamente maior do peso corporal total. As circunferências do tórax e do abdómen aumentaram mais nos rapazes durante o último ano do estudo. A espessura das pregas cutâneas diminuiu significativamente nos rapazes e manteve-se igual nas raparigas. O desempenho motor e a força muscular também aumentaram durante o período experimental. A frequência de pulso em repouso, durante o teste do degrau modificado e no período de recuperação diminuiu com a idade, e a economia do trabalho cardíaco melhorou significativamente, como indicado pelo índice do teste do degrau e/ou pelo índice de eficiência cardíaca. As alterações resultantes de observações longitudinais corresponderam a resultados anteriores de dados transversais.

Gaur Santosh Kumar, Nigam Deepali (2011) Realizaram o estudo A Calculation of Motor Fitness Components of Inter-University cricket and Football Players. A aptidão motora é avaliada pelo desempenho e este desempenho baseia-se numa combinação de muitos factores. Os factores de aptidão motora mais comuns são a velocidade, a força muscular, a resistência muscular, a potência muscular, a resistência respiratória circulatória, a flexibilidade e a agilidade. O objetivo do estudo era calcular os componentes da aptidão motora dos jogadores interuniversitários de críquete e de futebol. Os sujeitos deste estudo foram jogadores interuniversitários de críquete e de futebol da Universidade Dr. Ram Manohar Lohiya Awadh, Faizabad, Uttar Pradesh. Foram efectuados sete testes para avaliar o nível de aptidão motora, a saber: corrida de 50 metros (velocidade), flexões (força muscular), abdominais de joelho dobrado (resistência muscular), salto em pé (potência muscular), corrida/caminhada de 600 metros (resistência circulatório-respiratória), teste de sentar e alcançar (flexibilidade) e corrida de vaivém (agilidade). Os dados foram analisados estatisticamente utilizando o teste "t". Verificou-se que existia uma diferença significativa entre os jogadores de críquete e de futebol na corrida de 50 jardas, nos abdominais de joelho dobrado, na caminhada de 600 jardas, no teste de sentar e alcançar e no teste de corrida de vaivém. Não se registou uma diferença significativa entre os jogadores de críquete e de futebol no desempenho dos testes de pull-ups e de salto em comprimento em pé. Os jogadores de futebol foram superiores aos jogadores de críquete nos testes de corrida de 50 jardas, abdominais de joelho dobrado, corrida de 600 jardas, caminhada, sentar e alcançar. Os jogadores de críquete foram melhores do que os jogadores de futebol no teste de corrida de vaivém. Aptidão motora, velocidade, Força muscular, resistência muscular, potência muscular, resistência respiratória circulatória, flexibilidade e agilidade

Shyamal Koley et al (2012) efectuaram um estudo sobre os perfis antropométrico, de força física, de composição corporal e de teste de desempenho de jogadores de críquete masculinos a nível interdistrital do Punjab, na Índia. O objetivo deste estudo foi avaliar as variáveis antropométricas, de força física, de composição corporal e de teste de desempenho de jogadores de críquete masculinos de nível interdistrital de Punjab, na Índia, e as associações destas variáveis entre si. Para o efeito, foram avaliadas vinte variáveis, nomeadamente dez caraterísticas antropométricas, quatro variáveis de força física, três componentes da composição corporal e três testes de desempenho, em 271 jogadores de críquete do sexo masculino de nível interdistrital, selecionados propositadamente, com uma idade média de 21.54 anos, ± 3,67, recolhidos em seis distritos do Punjab, nomeadamente Amritsar (n=53), Bathinda (n=44), Chandigarh (n=42), Jalandhar (n=37), Ludhiana (n=47) e Patiala (n=48). O campeonato interdistrital de críquete masculino realizou-se em Ludhiana em outubro de 2010. Nos resultados, a análise de variância de uma via mostrou diferenças significativas entre os grupos (p< .05 - .000) no peso, IMC, tempo de reação, curl-up, push-up, pregas cutâneas tricipital, subescapular, abdominal e a meio da coxa, densidade corporal e percentagem de gordura corporal entre os jogadores de críquete de seis distritos do Punjab. A maioria das caraterísticas antropométricas e das variáveis de força física apresentaram correlações significativamente positivas (p< .05 - .01) com a composição corporal e as variáveis do teste de desempenho, mostrando associações estreitas entre si.

Kushwant (2010) realizou um estudo sobre parâmetros antropométricos, físicos e fisiológicos selecionados como factores de previsão do desempenho no voleibol. Os sujeitos do estudo foram cinquenta jogadores de voleibol do sexo masculino de faculdades afiliadas da Universidade de Panjab, Chandigarh, que foram selecionados aleatoriamente para servirem de sujeitos do estudo. Vinte e seis variáveis antropométricas, físicas e fisiológicas foram selecionadas como variáveis independentes. O desempenho no voleibol foi selecionado como variável dependente. A pontuação do desempenho foi obtida através de uma classificação da capacidade de jogo de cada jogador por um painel de três peritos, que avaliaram e classificaram cada jogador numa escala de 5 em cinco grandes áreas: passe, serviço, definição, bloqueio e ataque. O R múltiplo produziu dois modelos para os jogadores de voleibol masculino. Modelo 1; -42,72 (constante) + 0,33 (altura do corpo). Modelo 2; -52,4 (constante) + 0,33 (altura do corpo) + 1,17 (resistência). O R múltiplo produziu quatro modelos para o voleibol masculino: Modelo 1; 1,16 (constante) + 0,52(comprimento do braço)Modelo 2: -2,53(constante) + 0,54 (comprimento do braço)+ 0,87 (taxa de fluxo de pico)Modelo 3:-0,86(constante)+ 0,4 (comprimento do braço) +0,97 (taxa de fluxo de pico) + 0,14(força de preensão R)Modelo 4: -0,20(constante + 0,3 (comprimento do braço)+ 0,90 (taxa de fluxo de pico) +0,25(força de preensão R) + 0,18(força de preensão L.).

Yuyi (2010) realizou um estudo de investigação sobre o perfil antropométrico e a sua relação com o desempenho físico de jogadoras de voleibol de elite chinesas. Foram medidos 31 índices antropométricos e quatro desempenhos físicos (lançamento de bolas medicinais, salto vertical em corrida, teste de agilidade T shuttle run e 20 abdominais cronometrados) de 100 jogadoras de voleibol recrutadas das oito melhores equipas do campeonato nacional de 2007-2008.Com base nos resultados do presente estudo, recomenda-se que os seguintes índices antropométricos sejam considerados no recrutamento de jogadoras de voleibol: massa corporal, estatura, altura sentada, largura biacromial, prega cutânea subescapular, perímetro do tornozelo, perímetro do antebraço e comprimento do tendão de Aquiles.

June Stevens, Chirayath Suchindran (setembro de 2012) Realizaram o estudo para determinar a Atividade Física como Indicador da Composição Corporal em Crianças Americanas Indianas. Examinar a atividade física em crianças indianas americanas do segundo ano como um preditor da percentagem de gordura corporal 3 anos mais tarde. A atividade física foi avaliada como contagens de magnitude média do vetor (AVM) de um acelerómetro em 454 crianças do segundo ano como parte do estudo Pathways. O IMC foi avaliado, e as dobras cutâneas e a impedância bioeléctrica foram utilizadas para estimar a massa gorda, a massa corporal sem gordura e a percentagem de gordura corporal em equações de previsão validadas. As associações foram examinadas utilizando modelos mistos de regressão, controlando a composição corporal de base. Em crianças com peso normal, contagens mais elevadas de MAV foram significativamente associadas a reduções na percentagem de gordura corporal. Entre as crianças com excesso de peso, as contagens mais elevadas de MAV foram significativamente associadas a aumentos no IMC, na massa gorda e na massa livre de gordura, mas não na percentagem de gordura corporal. Níveis mais elevados de atividade física no segundo ano foram associados a níveis mais baixos de percentagem de gordura corporal no quinto ano em crianças com peso normal, mas não em crianças com excesso de peso. O IMC não mostrou qualquer associação com a atividade física entre as crianças com peso normal, e o aumento do IMC foi associado a quantidades crescentes de atividade física entre as crianças com excesso de peso. Estes resultados sublinham a importância de medidas válidas da composição corporal e podem indicar diferenças importantes nas associações entre atividade física e adiposidade em crianças com peso normal em comparação com crianças com excesso de peso

Indranil Manna, GulshanLalKhanna, Prakash Chandra Dhara (2012) O objetivo do presente estudo foi estudar o efeito do treino nas variáveis antropométricas, fisiológicas e bioquímicas de jogadores de voleibol indianos do sexo masculino com menos de 19 anos. Um total de 30 jogadores de voleibol indianos do sexo masculino (faixa etária: 16,00-18,99 anos; idade média: 17,7 ± 0,5 anos) que jogam regularmente voleibol de competição voluntariaram-se para este estudo. As sessões de treino foram divididas em 2 fases (a) Fase Preparatória (PP, 8 semanas) e (b) Fase Competitiva (CP, 4 semanas). O programa de treino consistiu no desenvolvimento aeróbico, anaeróbico e de competências, e foi completado 4 horas/dia; 5 dias/semana. As variáveis selecionadas foram medidas ao nível zero (dados de base, DB) e no final da PP e da PC. Observou-se um aumento significativo ($P<0,05$) da potência anaeróbica, da força de costas e de preensão , da ureia sérica e do colesterol HDL; e uma diminuição significativa ($P<0,05$) da gordura corporal, da frequência cardíaca de recuperação, da hemoglobina, dos triglicéridos e do colesterol LDL após o treino. Não foram observadas alterações significativas na estatura, massa corporal, LBM, FCmax, VO2max, ácido úrico e nível de colesterol total dos jogadores após o treino. Isto permitiria aos treinadores avaliar o estado atual de um atleta e o grau de adaptabilidade ao treino, proporcionando uma oportunidade de modificar o programa de treino em conformidade para alcançar o desempenho desejado.

Rizal Razman & Jalil A.A (2012) Realizaram o estudo com o objetivo de determinar a aptidão física e o estado antropométrico dos adolescentes malaios em Kuala Lumpur, Malásia, e fornecer caraterísticas antropométricas de adolescentes de 13 a 14 anos e a sua relação com os resultados dos testes de desempenho físico. Foram testados 210 estudantes malaios saudáveis (128 rapazes e 82 raparigas) de 3 escolas da cidade de Kuala Lumpur, na Malásia. As pontuações médias de cada teste foram (masculino; feminino); altura (152,53cm ± 8,3; 152,06cm ± 4,58, peso (44,45kg ± 12,89; 45,05kg ± 9,24), rácio braço-perna (ALR) (0,840 ± 0,33, 0,846 ± 0,41), rácio tronco-perna (TLR) (0,996 ± 0,07; 1,01 ±0.08), comprimento médio das pernas (LPA) (76,51 ± 5,08; 75,52 ± 4,00), comprimento médio dos braços (CAA) (64,25 ± 4,31; 63,84 ± 3,21), IMC (19,01 ± 4,42; 19,56 ± 3,66), percentagem de gordura corporal (%GC) (20,73% ± 10,36%; 26,40% ± 6,66%), sit-n- reach modificado (MSR) (26,39cm ± 5,42cm; 27,02cm ± 5,43cm), salto vertical (VJ) (33,47cm ± 9,43cm; 28,88cm ± 8,18cm), Stork Balance Test (SBT) (16,53s ± 18,674; 11,38s ± 13,59) Step Test (ST) (31,59bpm ± 22,52; 33,09bpm ± 3,69) e 30 Meter Sprint (30MS) (6,22s ± 0,59s; 7,12s ± 1,00s). Verificou-se uma diferença significativa (p<0,05) do BFP entre raparigas e rapazes. Tanto o IMC como o BFP apresentaram uma correlação negativa significativa, mas fraca, com o SBT (r= -0,155 e -0,282, respetivamente). O 30MS está positivamente correlacionado com o IMC (r= 0,366) e com a PAF (r=0,474) a p<0,05. As outras pontuações físicas não tiveram correlação significativa com o IMC ou com a PPC. Quando os indivíduos foram agrupados nas respectivas categorias de IMC, apenas se verificou uma diferença significativa nas pontuações ST e 30MS.

Não se registaram diferenças significativas entre os géneros em termos de altura, ALL, AAL, ALR, ST e MSR. Verificou-se uma diferença significativa entre rapazes e raparigas nos testes relacionados com a força e a potência: SBT, 30MS, VJ e GST. O GST também apresentou uma correlação positiva significativa com a altura, a LPA e a AAL (r = 0,319, 0,182, 0,221), enquanto a altura e a LPA apresentaram uma correlação positiva significativa com o VJ (r = 0,213, 0,146). Existe também uma correlação negativa significativa entre a altura e a LPA e os 30MS (r = -0,153, - 0,226).

Os resultados indicam que os indivíduos com maior percentagem de gordura corporal tendem a ter valores de equilíbrio mais baixos e uma pontuação mais baixa nos sprints. Não se registou qualquer relação significativamente positiva ou, mais importante, negativa entre os outros resultados dos testes e a gordura corporal. Em termos de relação antropométrica com o desempenho, os indivíduos com membros inferiores mais compridos têm uma ligeira vantagem no desempenho. Os resultados podem influenciar a forma como organizamos os dados normativos para este grupo etário.

Reilly.T Bangsbo.J & Franks.A (2000 abril) realizaram o estudo. Esta revisão centra-se nas caraterísticas antropométricas e fisiológicas dos jogadores de futebol, com vista a estabelecer o seu papel nos programas de deteção, identificação e desenvolvimento de talentos. Os jogadores de futebol de alta competição têm de se adaptar às exigências físicas do jogo, que são multifactoriais. Os jogadores podem não precisar de ter uma capacidade extraordinária em qualquer um dos domínios do desempenho físico, mas devem possuir um nível razoavelmente elevado em todos os domínios. Isto explica o facto de existirem diferenças individuais acentuadas nas caraterísticas antropométricas e fisiológicas entre os jogadores de topo. Várias medidas têm sido utilizadas para avaliar aspectos específicos do desempenho físico de jogadores de futebol jovens e adultos. O papel posicional de um jogador está relacionado com a sua capacidade fisiológica. Assim, os médios e os laterais têm os consumos máximos de oxigénio mais elevados (> 60 ml'kg- 1 'min- 1) e têm melhor desempenho em testes de exercício intermitente. Por outro lado, os jogadores médios tendem a ter a força muscular mais baixa. Embora estas distinções sejam evidentes em jogadores adultos e jovens de elite, a sua existência deve ser interpretada com circunspeção nos programas de identificação e desenvolvimento de talentos. Pode considerar-se uma série de factores antropométricos e fisiológicos relevantes que estão sujeitos a fortes influências genéticas (por exemplo, a estatura e o consumo máximo de oxigénio) ou que são em grande parte determinados pelo ambiente e susceptíveis de serem ejectados pelo treino. Consequentemente, o teste de ® tness pode gerar uma base de dados útil com a qual os grupos talentosos podem ser comparados. Nenhum método único permite uma avaliação representativa das capacidades físicas de um jogador para o futebol. Concluímos que os critérios antropométricos e fisiológicos têm um papel a desempenhar no âmbito de um controlo holístico dos jovens jogadores talentosos.

Saidon Amri, Aris Fazil Ujang (2012) Realizaram o estudo com o objetivo de determinar as correlações antropométricas do desempenho motor entre os atletas universitários da Malásia. O objetivo deste estudo foi investigar a relação entre o desempenho antropométrico e motor e determinar a contribuição de dimensões antropométricas combinadas no desempenho motor. Participaram neste estudo 225 atletas universitários malaios, do sexo masculino (n = 138) e feminino (n = 87), com idades compreendidas entre os 18 e os 28 anos (M = 22,1, DP = 1,8), de 18 desportos colectivos e desportos individuais diferentes. Os sujeitos foram submetidos a medições antropométricas (altura, peso, IMC, % de gordura corporal, relação cintura-quadril) e a testes de desempenho motor (força de preensão - GS, força de costas - BS, 7 níveis de sit-up - SU7, 10m sprint - S10, 30m sprint - S30, sit and reach - SR, teste de extensão do tronco - TE, teste de agilidade SEMO -

SEMO, salto vertical - VJ, salto em comprimento em pé - SLJ, tempo de reação (áudio) - RTa, tempo de reação (visual) - RTv, teste do bip - Bleep, força das pernas - LS, teste da cegonha - ST, e flexões - PU). A análise descritiva mostrou que as diferenças antropométricas e de desempenho entre os desportos reflectiam as necessidades e exigências dos mesmos. A análise multivariada de covariância (MANCOVA) e a análise de regressão múltipla mostraram que a altura, o peso, o IMC, a % de gordura corporal e a relação cintura-quadril contribuíram positiva ou negativamente para componentes específicos do desempenho motor. Entre os atletas do sexo masculino, todos os parâmetros antropométricos contribuíram significativamente para a força, o salto vertical e a resistência cardiovascular, enquanto entre as mulheres, apenas a % de gordura corporal e a RCQ contribuíram significativamente para a força abdominal, o salto vertical e a extensão do tronco. Os resultados do estudo sugerem que as caraterísticas antropométricas que contribuem para o desempenho motor devem fornecer uma fundamentação científica na seleção e treino dos atletas.

Lefevre. J, Dufour A.B, Beunen .G (1993) realizaram o estudo com o objetivo de determinar as relações entre 12 caraterísticas antropométricas e o desempenho motor, medido por vários testes de aptidão física, numa amostra de 165 adultos flamengos observados aos 30 anos de idade. Mais de 72% da variância foi partilhada pelas três primeiras variáveis canónicas. A primeira variável canónica pode ser explicada como uma função geral do tamanho. A força estática e funcional estão claramente relacionadas com esta função. A segunda variável canónica pode ser interpretada como uma função tamanho-gordura. Quase todos os testes motores são projectados no segundo composto, indicando que, em homens adultos, a gordura subcutânea está negativamente relacionada com a aptidão física. Através de um biplot das duas primeiras variáveis canónicas, são clarificadas as inter-relações entre as dimensões corporais e o desempenho motor. A combinação das duas primeiras funções parece fornecer informações sobre o físico.

Koropanovski, Nenad , Berjan, et. al. (2011) Realizou o estudo com o objetivo de determinar os perfis antropométricos e de desempenho físico de competidores de elite de karaté Kumite e Kata. Os torneios de karaté consistem em duas disciplinas de karaté igualmente importantes: as competições de kumite e de kata. Devido ao facto de se basearem tanto na seleção distinta de técnicas de movimento como nos seus padrões cinemáticos e cinéticos, colocámos a hipótese de os competidores de elite de kumite e kata poderem diferir no que diz respeito aos seus perfis antropométricos e de desempenho físico. Participaram neste estudo 31 karatecas seniores masculinos da seleção nacional de karaté (kumite n = 19; kata n = 12). Os testes aplicados incluíram a avaliação antropométrica (estatura, massa corporal e índice de massa corporal) e as seguintes medidas de desempenho físico: flexibilidade dos adutores e isquiotibiais (teste de abertura lateral das pernas), velocidade e aceleração (teste de sprint de 20 m com tempo de aceleração de 10 m), potência explosiva (contra-movimento e triplo salto em pé), agilidade (teste "T") e resistência aeróbica (teste de shuttle run de 20 m em várias fases). Os competidores de kumite revelaram um tamanho corporal maior através da altura corporal (p = 0,01) e da massa (p = 0,03), enquanto as diferenças na composição corporal não foram significativas. Os competidores de kumite também demonstraram maior aceleração (p = 0,03) e potência explosiva (salto triplo em pé; p = 0,03). A flexibilidade 6-7° maior dos competidores de kata permaneceu um pouco abaixo do nível de significância (p = 0,09). Os resultados podem ser interpretados pelas diferenças distintivas nas técnicas de movimento. Especificamente, uma maior potência explosiva poderia ser benéfica para o kumite, enquanto uma menor estatura e uma maior flexibilidade (particularmente da extremidade inferior) poderiam ser importantes para as posturas excecionalmente baixas dos competidores de kata. Embora sejam necessários mais esclarecimentos, os resultados obtidos podem ser importantes tanto para a seleção precoce como para o treino dos atletas de karaté.

Alemdaroğlu, Utku (2012) realizaram o estudo o objetivo deste estudo foi investigar a relação entre a força isocinética do joelho, o desempenho anaeróbico, a capacidade de sprint, a agilidade e o desempenho do salto vertical em jogadores de basquetebol da primeira divisão. Participaram neste estudo 12 jogadores de basquetebol da primeira divisão, do sexo masculino. A idade média foi de 25,1 ± 1,7 anos; a altura corporal média foi de 194,8 ± 5,7 cm; a massa corporal média foi de 92,3 ± 9,8 kg; a PBF média foi de 10,1 ± 5,1; e o VO2max médio foi de 50,55 ± 6.7 ml/kg/min Os quadríceps e os isquiotibiais foram medidos a 60° e 180°/s, o desempenho anaeróbico foi avaliado através do teste de potência anaeróbica de Wingate, a capacidade de sprint foi determinada através do desempenho de sprint simples (10-30 m), o desempenho de salto foi avaliado através dos testes de contra-movimento (CMJ) e de salto de agachamento (SJ) e o desempenho de agilidade foi medido através do teste de agilidade de perfuração em T. A força do quadríceps foi significativamente correlacionada com a potência máxima em todas as velocidades de contração. No entanto, para a potência média, só foi encontrada uma correlação significativa entre as medidas do quadríceps do joelho esquerdo a 60° e do joelho direito a 180°. Nenhuma medida de força foi significativamente relacionada com as medidas/resultados dos testes de campo. Por outro lado, foram encontradas fortes relações entre os desempenhos dos atletas nos diferentes testes de campo ($p<0,05$). A utilização da análise de correlação é uma limitação do estudo.

Teeple, Janet B., Lohman, T. G., et. al. (1975) Realizaram o estudo com o objetivo de determinar a contribuição do desenvolvimento físico e da força muscular para a capacidade de desempenho motor de rapazes dos 7 aos 12 anos de idade. A contribuição de medidas selecionadas de desenvolvimento físico e força muscular para a capacidade de desempenho motor geral foi investigada em 55 rapazes dos 7 aos 12 anos de idade. As variáveis de desenvolvimento físico foram a altura, o peso corporal e o corpo livre de gordura. A força da mão direita e esquerda, e a força estática de extensão da perna direita, esquerda e ambas as pernas. Simultaneamente, foram utilizadas como medidas de força.

Quarrie. K L, Handcock. P, Waller. A E (1995) realizaram o estudo com o objetivo de determinar as caraterísticas antropométricas e de desempenho físico dos jogadores de râguebi da Nova Zelândia de diferentes idades e de ambos os sexos. Participaram no estudo 356 jogadores de râguebi (264 homens e 92 mulheres) durante uma única época. Os escalões de jogo variavam entre os estudantes e as raparigas até aos seniores masculinos e femininos. A avaliação da altura, do peso, do perímetro do pescoço e do somatótipo foi efectuada antes da época de competição de râguebi. Após a antropometria, foi efectuada uma bateria de seis avaliações do desempenho físico. A análise de variância foi utilizada para examinar as diferenças nestas variáveis entre posições de campo e graus. RESULTADOS: Em todos os escalões avaliados, verificaram-se diferenças significativas entre avançados e defesas nas variáveis antropométricas e de desempenho físico. Em termos de caraterísticas antropométricas, os atacantes de um determinado escalão eram geralmente mais altos, possuíam maior massa corporal e eram mais endomorfos e menos ectomorfos do que os defesas do mesmo escalão. Os defesas tinham um melhor desempenho nas medidas de desempenho físico do que os avançados, sendo mais aptos aerobicamente, mais rápidos, mais ágeis e possuindo um maior grau de resistência muscular. Também se verificaram diferenças na antropometria e nos atributos de desempenho físico entre os jogadores dos vários escalões. Os jogadores dos escalões superiores eram, em geral, maiores e apresentavam melhores resultados nos testes de desempenho físico do que os jogadores dos escalões inferiores. Estas diferenças verificaram-se em ambos os sexos. A maior massa corporal dos avançados permite-lhes obter um maior impulso do que os defesas quando correm. A capacidade de obter maior impulso é importante nas fases de contacto corporal do jogo. Os avançados podem comprometer, em certa medida, a sua aptidão aeróbica e a sua velocidade para manterem uma massa corporal elevada. As caraterísticas antropométricas e de desempenho físico dos jogadores parecem refletir as exigências que lhes são impostas pelo desporto.

Quarrie. K L, Handcock. P, Toomey. M J (1996) realizaram o estudo com o objetivo de determinar as caraterísticas antropométricas e de desempenho físico de uma amostra de atletas seniores

Os jogadores de râguebi seniores A do sexo masculino foram avaliados numa série de testes antropométricos e de desempenho físico. Os avançados foram classificados em props, hookers, locks e loose forwards. Os backs foram classificados em inside, midfield e outside backs. As categorias dos avançados foram comparadas umas com as outras, tal como as categorias dos defesas. As caraterísticas antropométricas dos avançados diferiram significativamente entre as categorias posicionais. Os avançados da linha da frente (adereços e ganchos) possuíam somatótipos altamente endo-mesomórficos, e tipicamente classificavam-se como muito baixos para a ectomorfia. Os adereços possuíam maior massa corporal do que as prostitutas. Os avançados de linha eram mais altos do que os avançados de linha da frente. Em termos de desempenho físico, foram observadas menos diferenças. As prostitutas tiveram melhor desempenho do que os adereços numa avaliação aeróbica. Os defesas e os avançados soltos foram mais rápidos do que os avançados da linha da frente num sprint de 30 m a partir de um arranque em corrida. Os "inside backs" eram mais baixos e mais leves do que os "midfields" e os "outside backs". A combinação das caraterísticas antropométricas e dos atributos de desempenho físico observados permite que os jogadores respondam da melhor forma às exigências impostas pela sua posição.

Kondric, Miran , Uljevic, et. al. (2012) realizaram um estudo cujo objetivo era investigar as diferenças de estatuto e de posição de jogo nas medidas antropométricas e na aptidão física específica em jogadores juniores de polo aquático de alto nível.

A amostra de sujeitos foi constituída por 110 jogadores de pólo aquático (17 a 18 anos), incluindo uma das melhores equipas nacionais de juniores do mundo em 2010. Os sujeitos foram divididos de acordo com as suas posições de jogo em: Centrais (N = 16), Alas (N = 28), jogadores de perímetro (Condutores; N = 25), Pontas (N = 19) e Guarda-Redes (N = 18). As variáveis incluíram a altura corporal, o peso corporal, o índice de massa corporal, a envergadura do braço, a prega cutânea tricipital e subescapular. Os testes específicos de aptidão física incluíram: quatro testes de natação, nomeadamente: 25m, 100m, 400m e um teste anaeróbico específico de 4x50m (resultado médio obtido em quatro sprints de 50m com uma pausa de 30 segundos), salto vertical do corpo (JUMP; salto vertical máximo da água a partir de uma posição defensiva de pólo aquático) e uma potência dinamométrica obtida em natação de crawl frontal (DYN).

A ANOVA com comparação post-hoc revelou diferenças significativas entre as posições para a maioria dos dados antropométricos, observando-se que os Centros eram os mais pesados e tinham o IMC e a prega cutânea subescapular mais elevados. Os Pontos obtiveram os melhores resultados na maioria das capacidades de natação e no teste JUMP. Não foram encontradas diferenças significativas entre os grupos nos testes de 100m e 4x50m. Os Guarda-Redes obtiveram os resultados mais baixos para o DYN.

Dada a representatividade da amostra de sujeitos, os resultados do presente estudo permitem uma visão específica da aptidão física e das caraterísticas antropométricas dos jogadores juniores de pólo aquático de alto nível e permitem aos treinadores conceber um programa de treino específico destinado a alcançar os resultados de aptidão física apresentados para cada posição de jogo.

Teeple, Janet B., Lohman, T. G., et. al (1975) O estudo foi realizado para determinar a contribuição de medidas selecionadas de desenvolvimento físico e de força muscular para a capacidade de desempenho motor geral em 55 rapazes dos sete aos doze anos de idade. As variáveis de desenvolvimento físico foram a altura, o peso corporal e o corpo sem gordura. A força da mão direita e esquerda, e a força estática de extensão da perna direita, esquerda e ambas as pernas. Simultaneamente, foram utilizadas como medidas de força. As medidas da capacidade motora geral foram seis testes de desempenho de campo do tipo tipicamente utilizado por investigadores e professores, incluindo o salto vertical de lançamento de softball, salto largo em pé, corrida de vaivém, corrida de 50 metros e corrida de milha. Os dados foram analisados pelo método dos mínimos quadrados e foram ajustadas constantes para a altura, peso corporal, peso sem gordura e várias medidas de força com a idade cronológica mantida constante. A força foi responsável por 18 a 43% da variação na pontuação do desempenho motor das crianças. Duas medidas de desenvolvimento físico, o peso corporal e o peso corporal sem gordura, juntamente com a idade, foram os factores dominantes, contribuindo com 46 a 65% da variação. A força muscular e as medidas de desenvolvimento físico, em conjunto, representaram 57 a 70 por cento da variabilidade no desempenho motor. Para fins de diagnóstico e investigação, a medição do desenvolvimento físico é uma consideração importante para a interpretação correta dos testes de campo do desempenho motor.

Yadav S.K. O presente estudo foi realizado pelo investigador para determinar a relação entre variáveis físicas e antropométricas selecionadas e o desempenho dos jogadores de voleibol no salto com vara. Para o presente estudo, foram selecionados dez jogadores de voleibol do sexo masculino da Universidade Nacional de Educação Física de Lakshmibai, Gwalior. As variáveis físicas e antropométricas selecionadas para o estudo foram a velocidade, a força explosiva da perna, a agilidade, a altura em pé, o peso, o comprimento da perna e o comprimento do braço. O coeficiente de correlação produto-momento de Pearson foi utilizado para determinar a relação significativa entre as variáveis físicas e antropométricas selecionadas e o desempenho dos jogadores de voleibol no salto com vara, tendo o nível de significância sido fixado em 0,05. A análise do estudo revelou que existe uma relação significativa entre as variáveis físicas e antropométricas selecionadas, nomeadamente a força explosiva da perna, a agilidade, a altura em pé e o comprimento do braço, e o desempenho dos jogadores de voleibol no salto com vara, e que não existe uma relação significativa entre as variáveis físicas e antropométricas selecionadas, nomeadamente o peso, a corrida de 50 metros e o comprimento da perna, e o desempenho dos jogadores de voleibol no salto com vara.

Nagar.L, Meena D.S, e Singh.B (2012) Realizaram este estudo com o objetivo de determinar a relação entre as variáveis antropométricas e de aptidão física e o desempenho no basquetebol. O basquetebol é um jogo de atletismo aplicado que exige um físico bem proporcionado e um elevado nível de aptidão física. Para atingir os objectivos do estudo, foram incluídas seis variáveis antropométricas e sete variáveis de aptidão física como variáveis independentes e a capacidade de jogo como variável dependente, que foi avaliada através de uma classificação subjectiva, por três peritos, durante os torneios, tendo a média sido considerada como pontuação de critério. Quarenta e cinco jogadores de basquetebol do sexo masculino, que tinham participado no torneio de basquetebol da Universidade de Rajasthan nas épocas de 2010-2011, foram selecionados como sujeitos. A correlação produto-momento (ordem zero) foi utilizada como ferramenta estatística para determinar o resultado e revelou que as variáveis antropométricas de altura, peso, comprimento do braço, comprimento da perna, envergadura da palma da mão e soma das quatro dobras cutâneas e as variáveis de aptidão física de velocidade, agilidade, potência explosiva, força dos ombros, resistência da força e resistência tinham uma relação significativa com o desempenho no basquetebol e apenas a flexibilidade não tinha uma relação significativa com o desempenho no basquetebol. São apresentadas as variáveis antropométricas em relação ao desempenho no basquetebol. Verificou-se que a altura, o peso, o comprimento do braço, o comprimento da perna e a envergadura da palma da mão apresentaram uma correlação positiva e significativa com o desempenho no basquetebol. Este sinal negativo deve-se ao facto de haver menos ou menos tecido adiposo com maior eficiência. Assim, todas as variáveis antropométricas apresentaram uma correlação significativa com o desempenho no basquetebol. Todas as variáveis antropométricas contribuem para o desempenho do basquetebol. Entre estas, a altura e o desempenho no basquetebol (0,710) e a correlação mais baixa foi encontrada entre o peso e o desempenho no basquetebol (0,297). As variáveis de aptidão física relacionadas com o desempenho no basquetebol são apresentadas na tabela 2 e revelam que a velocidade, a agilidade, a potência explosiva, a força dos ombros, a resistência da força e a resistência têm uma correlação significativa. Entre estas, a velocidade, a agilidade e a resistência apresentaram uma correlação negativa, mas significativa, com o desempenho no basquetebol. A velocidade, a agilidade e a resistência são factores temporais. A diminuição do tempo aumenta o desempenho. Por este motivo, as três variáveis apresentaram um sinal negativo mas uma correlação significativa com o desempenho no basquetebol. Apenas a flexibilidade não teve uma relação significativa com o desempenho no basquetebol. Não tinha o valor requerido de .286. Nestas análises, a correlação mais elevada foi encontrada entre a agilidade e o desempenho no basquetebol (-0,692).

Duvenhage, Ninette (2013) Realizou o estudo para determinar a relação entre a participação desportiva e as componentes físicas, de desempenho motor e antropométricas de um grupo selecionado de adolescentes do 10º ano. A participação desportiva está positivamente associada a um aumento de vários componentes físicos, de desempenho motor e antropométricos, no entanto, estes benefícios são influenciados pelo género, raça e tipo de desporto em que as crianças participam. Apesar disso, nenhum investigador investigou esta associação e o possível papel do género, da raça e da natureza da participação desportiva nos possíveis benefícios que podem ser obtidos entre os adolescentes sul-africanos. É neste contexto que os objectivos do estudo consistiam, em primeiro lugar, em determinar a relação entre a participação desportiva e as componentes física, motora e antropométrica de um grupo de alunos adolescentes da 10ª classe no distrito de Tlokwe, província do Noroeste, África do Sul. Em segundo lugar, pretendia-se determinar as diferenças significativas no desempenho físico e motor e nas componentes antropométricas entre um grupo de alunos da 10.ª classe de diferentes géneros e raças que participaram em diferentes tipos de desporto no distrito de Tlokwe, província do Noroeste, África do Sul. Duzentos e um (156 participantes desportivos e 48 não desportivos) foram selecionados propositadamente para preencher um questionário, entre outras coisas, para conhecer os seus hábitos desportivos e de treino, bem como o seu estado de maturidade. Além disso, foram efectuadas 28 medições antropométricas diretas, bem como testes para determinar a flexibilidade, a potência explosiva da perna e da parte superior do corpo, a força , a velocidade e a aceleração, a agilidade e a resistência cardiovascular. Dos 156 participantes desportivos, os dados de 146 alunos foram analisados separadamente para investigar as diferenças significativas no que diz respeito às variáveis medidas em rapazes (n = 72) e raparigas (n = 71), crianças negras (n = 105) e brancas (n = 41), bem como em crianças que apenas participaram em desportos individuais (n = 17), em equipas (n = 82) ou em ambos os tipos de desporto (n = 47). Os resultados do teste t independente revelaram que os participantes desportivos obtiveram valores mais baixos para a maioria das medidas absolutas e relativas do tamanho do corpo, bem como para as medidas da composição corporal, que apresentaram resultados significativos. Além disso, os participantes não desportistas não tiveram um melhor desempenho em nenhum dos testes de desempenho físico e motor do que os participantes desportivos quando os resultados significativos foram analisados. Por último, os resultados da análise de regressão logística forward stepwise indicaram que a massa corporal, a estatura, a altura sentada, a soma das seis dobras cutâneas, a percentagem de gordura, o perímetro da anca, a massa e a percentagem de músculo,

A altura do teste de salto vertical (VJT), a potência de pico do VJT Tendo, a distância do teste de salto horizontal, a velocidade de 40 m, a rotação externa e interna passiva do ombro direito, bem como a elevação passiva e ativa da perna direita e a flexibilidade do quadríceps Thomas modificado (MTQT) foram identificadas como indicadores adequados e precisos para classificar os alunos adolescentes nos grupos de participantes e não participantes em actividades desportivas. No entanto, apenas a massa corporal, a altura sentada, a percentagem muscular e a massa muscular e a flexibilidade do MTQT direito foram identificadas como factores de previsão significativos entre os dois grupos de crianças. Além disso, a análise de regressão logística forward stepwise revelou que o modelo logístico das variáveis físicas, de desempenho motor e antropométricas identificadas não foi útil na previsão dos diferentes grupos. No que diz respeito aos resultados significativos, o estudo revelou que os rapazes obtiveram valores mais elevados para a maioria das variáveis relacionadas com o tamanho corporal absoluto e relativo, a composição corporal e o somatótipo, bem como para todos os testes relacionados com a potência explosiva da parte inferior do corpo, a força muscular, a velocidade, a agilidade e a resistência cardiovascular, em comparação com as raparigas. As diferenças em relação aos grupos raciais mostraram que as crianças negras apresentaram valores significativamente mais baixos para a maioria das medidas de tamanho corporal absoluto e relativo, composição corporal e somatótipo, bem como para todas as variáveis relacionadas com a potência explosiva superior e inferior do corpo, força muscular, velocidade, agilidade e resistência cardiovascular, que obtiveram diferenças significativas quando comparadas com os valores das crianças brancas. Apenas os testes relacionados com a flexibilidade obtiveram diferenças significativas em relação às crianças que praticavam diferentes tipos de desporto. Portanto, embora exista uma relação entre a participação desportiva e os benefícios físicos, de desempenho motor e antropométricos que podem ser obtidos, factores como a raça e o género têm uma influência direta nesta relação e devem ser considerados quando se investiga esta população de crianças.

Singh.B, Bhola.G O objetivo do presente estudo consistiu em determinar as medidas antropométricas e os componentes da aptidão física dos rapazes das escolas de Haryana em função do seu estatuto social. Foram selecionados 300 jogadores de basquetebol com idades compreendidas entre os 14 e os 16 anos, que estudavam em diferentes escolas de Haryana; os alunos foram classificados de acordo com o seu estatuto social, ou seja, rural ou urbano. Para testar as variações antropométricas, foram efectuadas vinte e nove medições antropométricas em cada sujeito. Para avaliar a aptidão física, foi utilizado o teste AAHPER Youth Fitness Test e, para determinar a significância, foi também utilizado o teste t.

Verificou-se uma diferença significativa entre as variáveis antropométricas e os componentes da aptidão física. Não houve diferença significativa entre as variáveis antropométricas e os componentes da aptidão física.

Concluiu-se que existia uma diferença significativa entre as variáveis antropométricas (altura, comprimento do tronco, comprimento da perna, circunferências abdominal e do ombro, diâmetro bitrocantro, dobra cutânea tricipital, subescapular, da coxa e da barriga da perna) e as componentes da aptidão física (resistência, velocidade, força e flexibilidade).

Yune H.M (2013) Realizou o estudo para determinar a relação entre medidas antropométricas selecionadas dos membros inferiores e a potência anaeróbica em estudantes universitários. A potência anaeróbica é um elemento importante em muitos desportos, mas é difícil de descobrir com aparelhos simples. Este estudo teve como objetivo investigar a relação entre as medidas antropométricas selecionadas dos membros inferiores e a potência anaeróbia em estudantes universitários. Trinta e um indivíduos do sexo feminino (n=31) da Universidade Batista de Hong Kong, com idades compreendidas entre os 18 e os 26 anos, participaram no estudo. (Idade: 21,45±1,95 anos; Altura: 160,39±5,51 (cm); Peso: 54,42±6,12(kg); % de gordura corporal: 25,02%±3,57%)O estudo incluiu uma avaliação antropométrica

medição de cinco locais nos membros inferiores (comprimento da coxa; comprimento da barriga da perna; perímetro do meio da coxa; perímetro da barriga da perna; perímetro do tornozelo) e o teste anaeróbico de Wingate. Não foram encontradas relações significativas entre todas as medidas antropométricas selecionadas e a potência anaeróbia utilizando a análise de correlação de Pearson (P>0,05). O resultado sugeriu que existia apenas uma pequena correlação entre as medidas antropométricas selecionadas e a potência anaeróbia.

Resultado - O valor significativo do pico relativo da potência anaeróbia foi de 0,146 (comprimento da coxa), 0,118 (comprimento da barriga da perna), 0,232 (perímetro do meio da coxa), 0,685 (perímetro da barriga da perna), 0,642 (perímetro do tornozelo) e 0,754 (rácio comprimento da barriga da perna/comprimento da coxa), respetivamente. Por outro lado, os valores significativos da potência anaeróbia média relativa foram 0,682 (comprimento da coxa), 0,298 (comprimento da barriga da perna), 0,672 (perímetro do meio da coxa), 0,139 (circunferência da panturrilha (circunferência da panturrilha), 0,139 (circunferência do tornozelo), 0,298 (circunferência do tornozelo

circunferência) e 0,204 (relação entre o comprimento da barriga da perna e da coxa), respetivamente. Como resultado, não se verificou uma correlação significativa entre a potência relativa e quaisquer medidas antropométricas selecionadas dos membros inferiores. O investigador pretendia descobrir a relação entre a potência anaeróbica e as medidas antropométricas selecionadas dos membros inferiores e descobrir a melhor combinação linear de diferentes variáveis medidas para prever a potência anaeróbica de uma forma simples e menos dispendiosa. Foram escolhidas a potência anaeróbia de pico relativa e a potência anaeróbia média relativa. O objetivo era aumentar a imparcialidade do estudo. Como a potência anaeróbia relativa é calculada a partir da potência dividida pelo peso corporal, poderia eliminar as diferenças de peso entre os indivíduos, de modo a que as medições fossem padronizadas e o resultado

pode ser comparada entre indivíduos de diferentes tamanhos. Do estudo, não foram encontradas correlações significativas. As razões para o resultado insignificante do estudo foram as seguintes Diferentes estudos anteriores provaram que a massa muscular e a percentagem de gordura corporal são os principais factores que afectam a potência anaeróbia. De acordo com Martin et al. (1990), a massa muscular e a circunferência do meio da coxa e a circunferência da barriga da perna estavam correlacionadas. No entanto, de acordo com Crawford et al. (2011), se o aumento do peso corporal for devido ao aumento da gordura corporal, a aptidão física fica comprometida. Neste estudo, a percentagem de gordura corporal dos sujeitos também teve correlação significativa com a circunferência do meio da coxa (r=0,714, p=0,000) e a panturrilha circunferência (r= 0,570, p=0,001). Assim, medir apenas o comprimento antropométrico e a circunferência não é o melhor método para prever a potência anaeróbia, porque não permite saber se a percentagem de gordura corporal pesa mais ou se a percentagem de massa muscular pesa mais no membro inferior. Uma vez que a potência anaeróbia é afetada por múltiplos factores e não por um único fator, não se pode simplesmente prever a potência anaeróbia a partir da medição do comprimento e da circunferência do membro inferior. Por conseguinte, não foram encontradas correlações significativas neste estudo. A variável que está mais próxima de ter uma correlação significativa com a potência anaeróbia máxima relativa é o comprimento (r=0,287, r2=0,082, p=0,118). A variável que mais se aproxima de ter uma correlação significativa com a potência anaeróbia relativa é a circunferência da barriga da perna (r=-0,272, r2=0,074, p=0,139)

Capítulo III
PROCEDIMENTO E METODOLOGIA

Neste capítulo, foram descritas a seleção dos sujeitos, a seleção das variáveis, as medidas de critério, a recolha de dados, a administração dos testes e as técnicas estatísticas para a análise dos dados.

Seleção de temas

Foram selecionados aleatoriamente 80 jogadores de críquete do sexo masculino, 40 de cada grupo, ou seja, jogadores de críquete de elite e de sub-elite. A idade dos sujeitos variava entre os 19 e os 28 anos.

Seleção de variáveis

> **Variáveis antropométricas**

a) Peso
b) Altura de pé
c) Comprimento do braço
d) Comprimento da perna
e) Perímetro do braço
f) Perímetro do antebraço
g) Diâmetro do cotovelo
h) Diâmetro do pulso
i) Perímetro do peito
j) Perímetro da barriga da perna
k) Rácio cintura/altura
l) Percentagem de gordura corporal

> **Variáveis do motor baseadas no desempenho**

a) Velocidade
b) Agilidade
c) Equilíbrio
d) Tempo de reação

Critério Medidas
As medidas de critério para testar a hipótese foram as seguintes -

1. A altura foi medida com fita de aço e registada em centímetros.
2. O peso foi medido numa balança e registado em quilogramas.
3. O comprimento do braço foi medido com fita de aço e registado em centímetros.
4. O comprimento das pernas foi medido com fita de aço e registado em centímetros.
5. O perímetro do braço foi medido com fita de aço e registado em centímetros.
6. O perímetro do antebraço foi medido com fita de aço e registado em centímetros.
7. O diâmetro do cotovelo foi medido com um compasso de calibre deslizante e registado em centímetros.
8. O diâmetro do pulso foi medido com um compasso de calibre deslizante e registado em centímetros.
9. O perímetro torácico foi medido com fita de aço e registado em centímetros.
10. O perímetro do vitelo foi medido com fita de aço e registado em centímetros.
11. O rácio cintura/altura foi medido por fórmula e registado em centímetros.
12. Os quatro locais da prega cutânea foram medidos com o paquímetro de pregas cutâneas e a soma dos quatro locais foi convertida com a ajuda da tabela de Durnin e Rahaman.
13. A velocidade foi medida através de uma corrida de 50 metros rasos registada em décimos de segundo.
14. A agilidade foi medida através de uma corrida de vaivém registada em décimos de segundo.
15. A capacidade de reação foi medida através do teste de exercício de reação com bola, registada em centímetros.
16. A capacidade de equilíbrio foi medida através do teste do nariz comprido e registada em décimos de um
segundo.

Administração do teste

Variáveis do motor baseadas no desempenho

VELOCIDADE (*50 metros* rasos)

Equipamentos: Fita métrica, cronómetros e claquete.

Marcação: A pista de *50* metros foi marcada.

Descrição: Dois indivíduos posicionam-se de pé atrás da linha de partida. O iniciador deu o sinal de partida por meio de um badalo. O tempo que cada indivíduo demorou a percorrer os 50 metros foi registado pelo cronometrista na linha de chegada.

Pontuação: O tempo registado em décimos de segundo.

Figura: 3

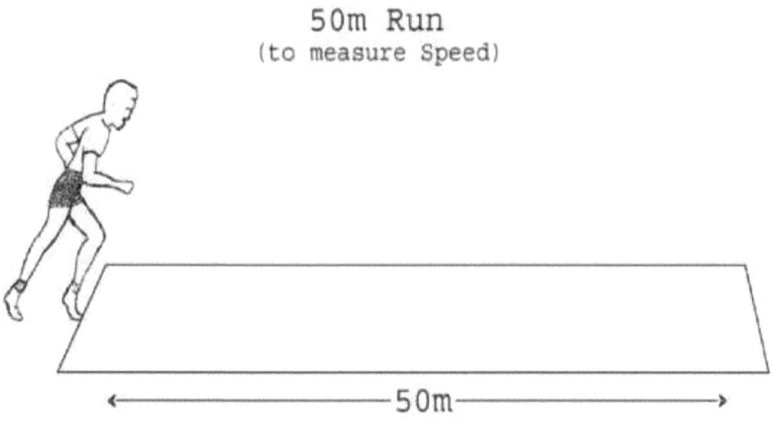

SHUTTLE RUN (Agilidade)

Equipamentos: Espaço de solo suficientemente amplo para permitir uma corrida de vaivém de 10 m, cronómetros com precisão de um décimo de segundo e dois blocos de madeira (2‴×2‴×4’5) por estação de ensaio.

Marcação: 4 X 10m. Corrida de vaivém.

Descrição: Duas linhas paralelas foram marcadas no chão, distantes 10 metros uma da outra. Dois blocos foram mantidos atrás de uma linha de dimensões 2‴×2‴×4". O sujeito colocava-se atrás da linha de partida. Ao sinal de "vai", corria para a outra linha, apanhava um bloco, voltava à linha de partida e colocava o bloco; e repetia o processo com os segundos blocos, respetivamente.

Pontuação: A pontuação é o tempo decorrido com precisão de um décimo de segundo. Cada aluno teve direito a duas tentativas e a melhor pontuação foi selecionada. O relógio era iniciado com o sinal "Vai" e parava quando o segundo bloco atravessava a linha. Os alunos que caíssem ou escorregassem tinham direito a outra tentativa.

Figura: 4

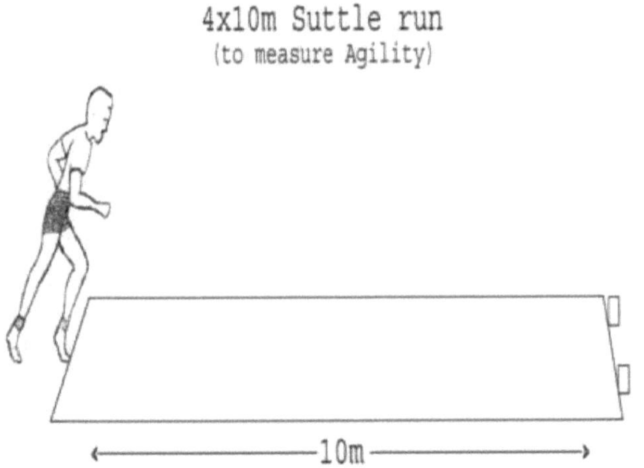

TESTE DO NARIZ LONGO (Capacidade de equilíbrio)

Objetivo: Determinar a capacidade de equilíbrio dos indivíduos.

Equipamentos:

1) Viga de equilíbrio
2) Uma bola medicinal pesagem 2kg
3) Uma bola medicinal pesagem 4kg.
4) Parar o relógio
5) Lápis, papel e bloco de notas

Descrição: Uma trave de equilíbrio de tamanho normal foi colocada no chão a um metro e meio de distância da linha de partida. Pediu-se ao sujeito que se colocasse atrás da linha de partida com uma bola medicinal de um quilograma na sua mão forte totalmente esticada para a frente e a outra mão a segurar o lóbulo da orelha oposta. Ao bater palmas, o sujeito deslocava-se sobre a trave de equilíbrio em direção à bola medicinal de 2 kg, que se encontrava na outra extremidade da trave, empurrava a bola medicinal apenas com o pé e regressava à linha de partida sem perder o equilíbrio sobre a trave.

Instruções:

I. O braço com que a bola é transportada deve ser mantido direito.

II. A bola medicinal mantida na trave de equilíbrio deve ser rolada para baixo com um dos pés.

Pontuação: Foi dada apenas uma oportunidade a cada sujeito. O tempo gasto para completar o percurso foi o décimo de segundo mais próximo e é a pontuação. Ao mesmo tempo, o sujeito que não conseguiu completar a tarefa sem perder o equilíbrio não teve mais nenhuma tentativa e não foi atribuída qualquer pontuação.

Figura: 5

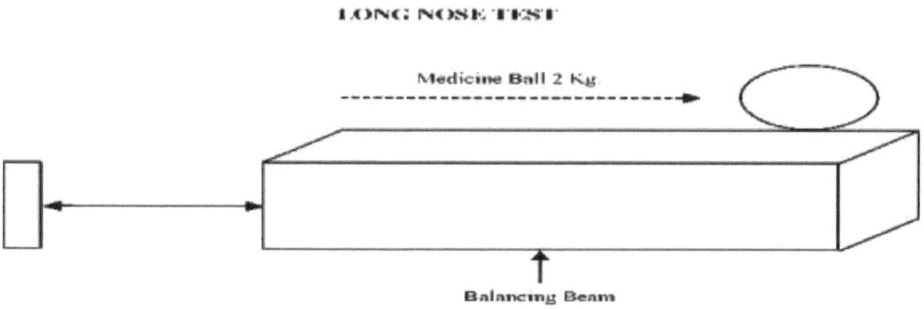

BALANCING ABILITY TEST

TESTE DE EXERCÍCIO DE REACÇÃO À BOLA (Tempo de reação)

Objetivo: Medir a capacidade de reação.

Equipamentos:

1) Duas pranchas de madeira, cada uma com de 4m. de comprimento
2) Uma bola de voleibol insuflada.
3) Um suporte de apoio
4) Lápis, papéis e prancheta

Descrição: Duas pranchas de madeira de 4 mts. de comprimento cada uma foram mantidas inclinadas por um suporte com uma altura de um metro e vinte centímetros. Para que o voleibol possa rolar livremente a partir de uma altura de 1,20 mts. As extremidades inferiores das pranchas de madeira foram mantidas a uma distância de 1,5 m da linha de partida; os lados exteriores de uma das pranchas foram graduados em centímetros. O testador segurava a bola de voleibol no topo das pranchas. Pediu-se aos sujeitos que se colocassem atrás da linha de partida, virados para o lado oposto ao das pranchas; ao bater palmas, o sujeito dava uma volta, corria em direção às pranchas e parava a bola com as duas mãos, que era largada ao sinal. Cada sujeito foi submetido a uma prova prática antes do início efetivo do teste.

Instruções:

1) A bola deve ser parada com as duas mãos.
2) A bola deve ser empurrada para cima enquanto pára.

Pontuação: A pontuação foi a distância medida em centímetros desde o topo das tábuas até ao ponto onde os sujeitos param a bola. A cada participante foram dados dois ensaios e o melhor foi registado como pontuação.

Fig. 6: Teste de capacidade de reação

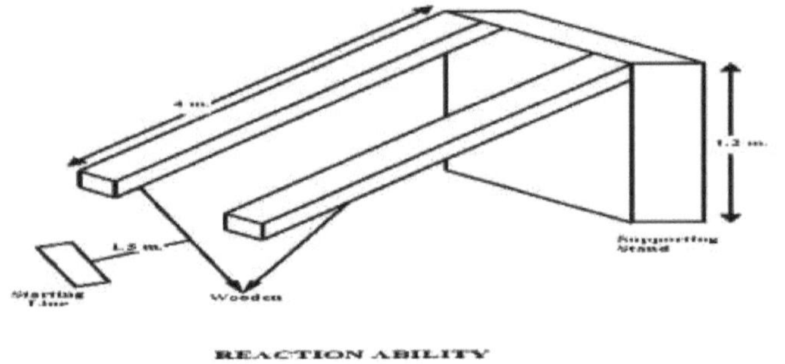

Variáveis antropométricas

1. **ALTURA**

Objetivo - Medir a altura dos indivíduos

Equipamento: - Fita de aço

Descrição: - Foi utilizada uma parede lisa e vertical para medir a altura de um indivíduo em pé. A marcação na parede foi efectuada em centímetros. Depois de descalçar os sapatos, o sujeito ficou ereto com os calcanhares, as nádegas e a parte superior do pescoço em contacto com a marcação da parede. Os braços pendiam para o lado. A altura foi medida colocando um objeto plano, como um prato de madeira, com um dos lados encostado à escala, e o lado mais comprido apoiado na parte alta da cabeça.

Pontuação:- A altura foi registada ao centímetro.

2. **PESO**

Objetivo - Medir o peso do indivíduo

Equipamento: - Máquina de pesagem

Procedimento: - O peso do sujeito foi medido com uma máquina de pesagem. O sujeito vestia apenas calções.

Pontuação:- O peso foi registado em quilogramas.

3. **COMPRIMENTO DO BRAÇO**

Objetivo - Medir o comprimento do braço do indivíduo

Equipamento: - Fita de aço

Procedimento:- O comprimento do braço foi medido com uma fita de aço. O indivíduo é colocado de lado e o comprimento do braço é medido com a fita de aço, desde o processo acrómio acima da articulação do ombro até à ponta do dedo médio.

Pontuação:- O comprimento do braço foi registado ao centímetro.

4. **COMPRIMENTO DA PERNA**

Objetivo - Medir o comprimento da perna do indivíduo

Equipamento: - Fita de aço

***Procedimento*:**- Para determinar o comprimento da perna, o examinador estava de frente para o indivíduo, colocava as mãos cerca de 10 a 20 cm abaixo da cintura do indivíduo em cada anca e pedia ao indivíduo que balançasse a perna para trás, para a frente e a levantasse para fora. Através de manipulação, o examinador conseguiu localizar o ponto onde o trocânter maior entrava na grelha pélvica. A altura do trocânter maior a partir do chão foi medida. Este procedimento foi efectuado duas vezes com cada aluno.

***Pontuação*:**- O comprimento do termo foi registado ao centímetro.

5. PERÍMETRO DO BRAÇO

Objetivo - Medir o perímetro do braço dos indivíduos.

Equipamento: - Fita de aço

***Procedimento*:**- O examinador pede aos indivíduos que se mantenham em posição de repouso, com o mesmo peso em ambos os pés e com a mão pendurada livremente. As circunferências do braço são geralmente medidas no braço esquerdo nu, localizando o ponto acromial e radial; o ponto médio destes dois pontos é marcado com um lápis de marcação da pele numa linha horizontal; a fita de aço é enrolada à volta do braço no nível marcado. A fita foi enrolada à volta do braço no nível marcado, mantendo a fita na horizontal e tocando ligeiramente na pele a toda a volta. Esta distância circunferencial foi registada em centímetros.

***Pontuação*:**- O termo perímetro foi registado ao centímetro

6. FORE ARM GIRTH

Objetivo - Medir o perímetro do antebraço dos indivíduos

***Equipamento*:** - Fita de aço

***Procedimento*:** - Pediu-se aos sujeitos que ficassem de pé à vontade. Envolveu-se uma fita de aço à volta do antebraço, logo abaixo do cotovelo, e registou-se a medida máxima, movendo a fita de aço ligeiramente para cima e para baixo, mantendo o círculo da fita na direção horizontal e tocando em toda a volta, registando-se a medida em centímetros.

***Pontuação*:** - O perímetro foi registado ao centímetro.

7. DIÂMETRO DO ARCO

Objetivo: - Medir o diâmetro do cotovelo dos indivíduos.

Equipamento: - Calibrador deslizante

***Procedimento*:** - O examinador pede ao sujeito que permaneça na posição sentada ou de pé. O sujeito coloca o braço esquerdo num ângulo de 90^0, ou seja, o antebraço e o braço formam um ângulo reto, enquanto o braço está na direção horizontal e o antebraço na direção vertical. O examinador, de pé em frente ao sujeito, aplicou os dois braços do compasso de calibre no ponto mais exterior da extremidade inferior do humor exercendo uma pressão suficiente para minimizar os efeitos nos tecidos moles. O paquímetro formou um ângulo de 45^0 em relação ao eixo do braço e do antebraço. A medição foi efectuada em centímetros.

Pontuação:- A largura do termo foi registada ao centímetro.

8. DIÂMETRO DO PULSO

Objetivo - Medir o diâmetro do pulso dos indivíduos.

Equipamento: - Calibrador deslizante

Procedimento:- O examinador pede ao sujeito que levante o antebraço de modo a torná-lo paralelo ao solo. Com a sua superfície dorsal virada para cima, os dois braços do compasso de calibre deslizante foram aplicados com forte pressão na projeção mais externa do processo estiloide do rádio e do cúbito. A leitura foi efectuada em centímetros.

Pontuação:- A largura do termo foi registada ao centímetro.

9. CORAÇÃO

Objetivo - Medir o perímetro torácico dos indivíduos

Equipamento: - Fita de aço

Procedimento:- Para medir a cintura torácica, coloca-se à volta do peito, ao nível do mamilo, de modo a que esteja em contacto leve com a pele a toda a volta, e a medição é feita em posição de pé, no final de uma expiração normal

Pontuação:- O termo perímetro foi registado ao centímetro.

10. RENDIMENTO DO VITELO

Objetivo - Medir o perímetro da barriga da perna dos indivíduos

Equipamento: - Fita de aço

Procedimento:-*A* fita de aço foi enrolada horizontalmente à volta da perna nua do sujeito, no ponto de maior protuberância dos músculos da barriga da perna, com um ligeiro movimento para cima e para baixo da fita de aço, mantendo-a na direção horizontal. A medição circunferencial máxima deu o valor da circunferência da barriga da perna. A medida foi registada em centímetros.

Pontuação:- O termo perímetro foi registado ao centímetro.

11. RÁCIO CINTURA/ALTURA

Objetivo - Determinar o rácio entre o perímetro da cintura e a altura

Equipamento: - Fita de aço

Procedimento: - O rácio cintura-altura foi determinado dividindo o perímetro da cintura pela altura. A altura em pé, sem sapatos, foi medida com uma balança antropométrica, com aproximação ao centímetro mais próximo. A CC foi medida a meio caminho entre a costela mais baixa e o bordo superior da crista ilíaca com uma fita métrica de aço no final da expiração normal, com aproximação ao centímetro mais próximo.

Pontuação: - O comprimento do termo foi registado ao centímetro.

12. PERCENTAGEM DE GORDURA CORPORAL

Objetivo: Medir a percentagem de gordura corporal dos indivíduos.

Equipamento: Calibrador de dobras cutâneas de Lenge

BICEPS

Equipamento: Calibrador de dobras cutâneas de Lenge

Procedimento: Pediu-se aos sujeitos que ficassem de pé, à vontade, com o braço pendurado ao lado do corpo. Normalmente, o ponto médio do braço, previamente marcado para medir o perímetro do braço, ajuda a fornecer um ponto de referência para a prega cutânea do bicípite e do tríceps. A prega cutânea e a prega de gordura subcutânea foram escolhidas a cerca de 1 cm acima do nível da marca, na face anterior do músculo bicípite. A mandíbula do paquímetro foi aplicada sobre a prega de modo a que a linha horizontal marcada ficasse aproximadamente ao nível do ponto médio. A mandíbula segura uma camada dupla de pele e gordura subcutânea. O braço mais leve do paquímetro foi lentamente libertado de modo a exercer pressão sobre a prega cutânea vertical. A leitura foi registada no mostrador do paquímetro cerca de 2 seg. depois de deixar o braço mais pequeno do paquímetro. Quando a leitura era bastante estável, a medida era registada em milímetros.

TRICEPS

Equipamento: Paquímetro de dobras cutâneas de Lenge

Procedimento: Pediu-se aos sujeitos que ficassem de pé, à vontade, com o braço pendurado ao lado do corpo. O ponto médio do braço marcado anteriormente para medir a circunferência do braço ajuda a fornecer um ponto de referência para medir a prega cutânea tricipital. A dobra cutânea e a gordura subcutânea foram selecionadas a cerca de 1 cm acima do nível da marca, na parte posterior do músculo tricípite. A mandíbula do paquímetro foi aplicada sobre a prega, de modo a que a linha horizontal marcada ficasse aproximadamente ao nível do ponto médio da mandíbula e a mandíbula contivesse uma camada dupla de pele mais gordura subcutânea. O braço mais leve do paquímetro foi lentamente libertado de modo a exercer uma pressão total da mandíbula sobre a prega cutânea vertical. A leitura foi registada no mostrador do paquímetro cerca de 2 segundos após a saída. Quando a leitura era bastante estável, a medida era registada em milímetros.

SUBSCAPULAR

Equipamento : Calibrador de dobras cutâneas de Lenge

Procedimento: O examinador seleciona a prega cutânea na diagonal, abaixo do ângulo anterior da omoplata, quase paralelamente ao bordo medial da omoplata, de modo a que a prega cutânea forme um ângulo de aproximadamente 45° em relação à horizontal, com a parte inferior e a apontar para o exterior. As mandíbulas do paquímetro foram aplicadas cerca de meio milímetro abaixo da prega, pegando na ponta do polegar. A medição, como habitualmente, foi registada após dois segundos de libertação da pressão total sobre a prega.

SUPRAILÍACO

Equipamento : Calibrador de dobras cutâneas de Lenge

Procedimento: A prega cutânea do indivíduo foi levantada cerca de 1 cm. acima de 2 cm. medialmente à espinha ilíaca ântero-superior do lado esquerdo. A mandíbula do calibrador de dobras cutâneas foi aplicada paralelamente à direção natural da dobra cutânea levantada. Esta era geralmente horizontal ou ligeiramente oblíqua, apontando para cima e, mais tarde, para baixo, medialmente. A leitura foi registada em milímetros.

Pontuação: A medição foi registada até ao milímetro mais próximo.

A soma da espessura das dobras cutâneas de quatro locais do corpo foi convertida em percentagem de gordura corporal com a ajuda da tabela padrão sugerida por Durnin e Rahaman.

Recolha de dados

Os dados foram recolhidos durante a Inter University of cricket de toda a Índia para o grupo de elite e os dados para o grupo de sub-elite foram recolhidos pela Inter University of cricket. Foi pedido aos treinadores que orientassem os seus jogadores para servirem de sujeitos do estudo. Foram dadas as instruções necessárias aos sujeitos antes da administração do teste e do equipamento da componente antropométrica e motora baseada no desempenho selecionado.

Técnica estatística para análise de dados

Para avaliar a componente motora baseada no desempenho com base em variáveis antropométricas selecionadas de jogadores de críquete de elite e sub-elite, foram aplicadas as seguintes técnicas estatísticas

1) Para caraterizar as variáveis antropométricas e as variáveis da componente motora baseadas no desempenho dos jogadores de críquete de elite e sub-elite, foi utilizada a estatística descritiva.

2) Para determinar a correlação entre a variável dependente (componente motora baseada no desempenho) e as variáveis independentes (antropométricas), foi utilizado o método de correlação Momento do Produto de Pearson.

3) Para determinar a contribuição conjunta das variáveis independentes (antropométricas selecionadas) na previsão da variável dependente (componente motora baseada no desempenho), foi utilizada a Correlação Múltipla.

4) Para prever a variável dependente (componente motora baseada no desempenho) com base nas variáveis independentes (antropométricas), foi utilizada a equação de regressão múltipla.

Capítulo IV

ANÁLISE DOS DADOS E RESULTADO DO ESTUDO

A análise estatística dos dados foi apresentada neste capítulo. As caraterísticas antropométricas, nomeadamente a altura, o peso, o comprimento do braço, o comprimento da perna, a circunferência do braço, a circunferência do antebraço, a circunferência do peito, a circunferência da barriga da perna, o diâmetro do cotovelo, o diâmetro do pulso, o rácio cintura/altura e a percentagem de gordura corporal (quatro locais: bíceps, tríceps, subescapular, supra ilíaco) e os componentes motores baseados no desempenho: velocidade, agilidade, capacidade de equilíbrio e capacidade de reação foram recolhidos em jogadores de críquete masculinos de elite e de sub elite, 40 de cada grupo.

Para caraterizar as variáveis antropométricas e motoras baseadas no desempenho dos jogadores de críquete de elite e de sub-elite, foi utilizada a estatística descritiva.

Para determinar a correlação entre a variável dependente (componentes motoras baseadas no desempenho) e as variáveis independentes (antropométricas selecionadas), em relação a categorias específicas (elite e sub-elite), foi utilizado o método de correlação Momento do Produto de Pearson.

Determinar a contribuição conjunta das variáveis independentes (antropométricas selecionadas) na previsão da variável dependente (componentes motoras baseadas no desempenho), em relação a categorias específicas (elite e sub elite). Foi utilizado o método de correlação múltipla.

Para prever a variável dependente (componentes motores baseados no desempenho) com base em variáveis independentes (antropométricas selecionadas), em relação a categorias específicas (elite e sub elite). Foi estabelecida uma equação de regressão múltipla.

Nível de significância

O nível de significância para verificar o valor F foi fixado em 0,05, o que foi considerado adequado para o objetivo do estudo.

Encontrar

Os resultados são apresentados neste capítulo sob a forma de tabelas. As conclusões relativas ao presente estudo foram apresentadas.

Quadro 1

Cálculo para o Grupo de Elite

Análise descritiva de variáveis antropométricas selecionadas de jogadores de críquete de elite

	N	Média	Desvio	S.D	Inclinação.	Kurt.	Gama	Min.	Máximo.	S.Err.
Ht.	40	177.55	8.81	2.96	0.39	-0.79	11	172.77	183.7	0.469
Peso.	40	72.60	4.4	2.09	-0.20	-0.32	9	68	77	0.331
A.L	40	72.52	2.56	1.59	0.27	-0.56	6.4	69.6	76	0.252
L.L	40	100.41	6.12	2.47	0.57	-0.47	9.4	96.7	106.1	0.391
U.A.G	40	29.10	1.43	1.19	-1.17	2.50	6.3	25	31.3	0.189
F.A.G	40	27.27	0.79	0.89	-0.16	-0.83	3.4	25.6	29	0.141
Peito Perímetro	40	89.04	6.19	2.48	0.19	-0.90	9.2	84.8	94	0.393
Bezerro G.	40	36.52	1.83	1.35	-0.45	-0.10	5.6	33.6	39.2	0.213
A/C	40	0.45	.0001	0.01	0.08	-0.08	0.05	0.43	0.48	0.001
% B.F	40	13.49	1.21	1.09	0.15	-0.60	4.3	11.5	15.8	0.173
E.D	40	6.72	0.03	0.17	0.13	0.20	0.73	6.38	7.11	0.027
W.D	40	5.6	0.03	0.18	0.03	0.03	0.83	5.17	6	0.029

A Tabela-1 revelou que os valores médios das variáveis antropométricas dos jogadores de críquete de elite eram Altura 177,55±2,96, Peso 72,60±2,09, Comprimento do braço 72,52±1,59, Comprimento da perna 100,41±2,47, Perímetro do braço 29,10±1,19, Perímetro do braço 27,27±0,89, Perímetro do peito 89.04±2,48, Perímetro da barriga da perna 36,52±1,35, Relação cintura/altura 0,45±0,01, Percentagem de gordura corporal 13,49±1,09, Diâmetro do cotovelo 6,72±0,17, Diâmetro do pulso 5,6±0,18,

Nas mesmas categorias, os valores mínimos e máximos para as variáveis antropométricas foram: Altura (172,77; 1837,00) e amplitude de 11, Peso (68; 77) e amplitude de 9, Comprimento do braço (69,60; 76,00) e amplitude de 6,4, Comprimento da perna (96,70; 106,10) e amplitude de 9,4, Perímetro do braço (25; 31,3) e amplitude de 6,3, Perímetro do braço (25,6; 29) e amplitude de 3,4, Perímetro do tórax (84,8; 94) e intervalo de 9,2, perímetro da barriga da perna (33,6; 39,2) e intervalo de 5,6, relação cintura/altura (0,43; 0,48) e intervalo de 0,05, percentagem de gordura corporal (11,5; 15,8) e intervalo de 4,3, diâmetro do cotovelo (6,38; 7,11) e intervalo de 0,73, diâmetro do pulso (5,17; 6) e intervalo de 0,83.

As variáveis Altura, Comprimento do braço, Comprimento da perna, Perímetro do tórax, Relação cintura/altura, Percentagem de gordura corporal, Diâmetro do cotovelo e Diâmetro do pulso apresentaram uma assimetria positiva, enquanto as variáveis Peso, Perímetro do braço, Perímetro do braço e Perímetro da barriga da perna apresentaram uma assimetria negativa. A distribuição negativamente enviesada mostra que a maior parte dos dados se encontra no lado superior, enquanto a distribuição positivamente enviesada mostra que a maior parte dos dados se encontra no lado inferior.

O valor da curtose para a altura, o peso, o comprimento do braço, o comprimento da perna, o perímetro do braço, o perímetro do peito, o perímetro da barriga da perna, a relação cintura/altura e a percentagem de gordura corporal foi negativo, ao passo que para o braço , o perímetro do cotovelo e o diâmetro do pulso foi positivo. A curtose negativa mostra que os dados relativos a estas variáveis eram mais variáveis do que os da distribuição normal, ao passo que a curtose positiva mostra que os dados relativos a estas variáveis eram menos variáveis do que os da distribuição normal. Ao analisar o valor do coeficiente de variância, verificou-se que a variabilidade máxima era de 8,81 em relação à altura, enquanto a variabilidade mínima era de 0,0001 no rácio cintura-estatura.

Quadro 2
Análise descritiva de variáveis motoras selecionadas de jogadores de críquete de elite

	N	Média	Desvio	S.D	Inclinação.	Kurt.	Gama	Min.	Máximo.	S.Err.
Velocidade	40	6.82	0.35	0.59	0.49	-0.52	2.19	5.98	8.17	0.09
Agilidade	40	9.83	0.19	0.43	-0.14	-0.52	1.72	8.95	10.67	0.06
Equilíbrio Ab.	40	8.72	1.33	1.15	0.15	-1.20	3.77	7.03	10.8	0.18
Reação Ab.	40	1.78	0.07	0.27	0.61	-0.62	1.05	1.35	2.4	0.04

A Tabela 2 revelou que os valores médios da variável motora baseada no desempenho dos jogadores de críquete de elite foram Velocidade 6.82±0.59, Agilidade 9.83±0.43, Capacidade de Equilíbrio 8.72±1.15, Capacidade de Reação 1.78±0.27,

Nas mesmas categorias, os valores mínimos e máximos para as variáveis motoras baseadas no desempenho foram Velocidade (5,98; 8,17) e o intervalo é de 2,19, Agilidade (8,95; 10,67) e o intervalo é de

1,72, Capacidade de Equilíbrio (7,03; 10,8) e intervalo de 3,77, Capacidade de Reação (1,35; 2,4) e intervalo de 1,05,

As variáveis Velocidade, Capacidade de Equilíbrio e Capacidade de Reação apresentaram uma assimetria positiva, enquanto as variáveis Agilidade apresentaram uma assimetria negativa. A distribuição negativamente enviesada mostra que a maior parte dos dados se encontra no lado superior, enquanto a distribuição positivamente enviesada mostra que a maior parte dos dados se encontra no lado inferior.

O valor da curtose para a Velocidade, Agilidade, Capacidade de Equilíbrio e Capacidade de Reação foi negativo. A curtose negativa mostra que os dados relativos a estas variáveis eram mais variáveis do que os da distribuição normal. Ao analisar o valor do coeficiente de variância, verificou-se que a variabilidade máxima foi de 1,33 em relação à capacidade de equilíbrio, enquanto a variabilidade mínima foi de 0,07 em relação à capacidade de reação.

Os dados foram analisados utilizando a correlação produto-momento para descobrir a relação entre as variáveis antropométricas selecionadas do grupo de elite e a velocidade. Os resultados relativos à relação são apresentados na Tabela nº 3.

Quadro 3

Relação entre variáveis antropométricas selecionadas e a velocidade no grupo de elite

Variáveis	**Coeficiente de correlação**
Altura	-0.626*
Peso	0.342*
Comprimento do braço	-0.285
Comprimento da perna	-0.558*
Perímetro do braço	0.020
Perímetro do antebraço	-0.089
Perímetro do peito	-0.281
Perímetro da barriga da perna	-0.553*
Rácio cintura/altura	-0.070
Percentagem de gordura corporal	0.761*
Diâmetro do cotovelo	-0.158
Diâmetro do pulso	-0.167

Significativo ao nível de .05 $r_{.05}(38)$ =0.304

O quadro -3 revela que a velocidade está significativamente correlacionada com a altura, o peso, o comprimento da perna, o perímetro da barriga da perna e a percentagem de gordura corporal ao nível de significância de 0,05, enquanto a velocidade está insignificantemente correlacionada com o comprimento do braço, o perímetro do braço superior, o perímetro do braço anterior, o perímetro do peito, o rácio cintura/altura, o diâmetro do cotovelo e o diâmetro do pulso ao nível de significância de 0,05.

Correlação entre a Variável Dependente (Velocidade) e a Variável Independente (Caraterísticas

Caraterísticas Antropométricas Selecionadas) de Jogadores de Críquete de Elite.

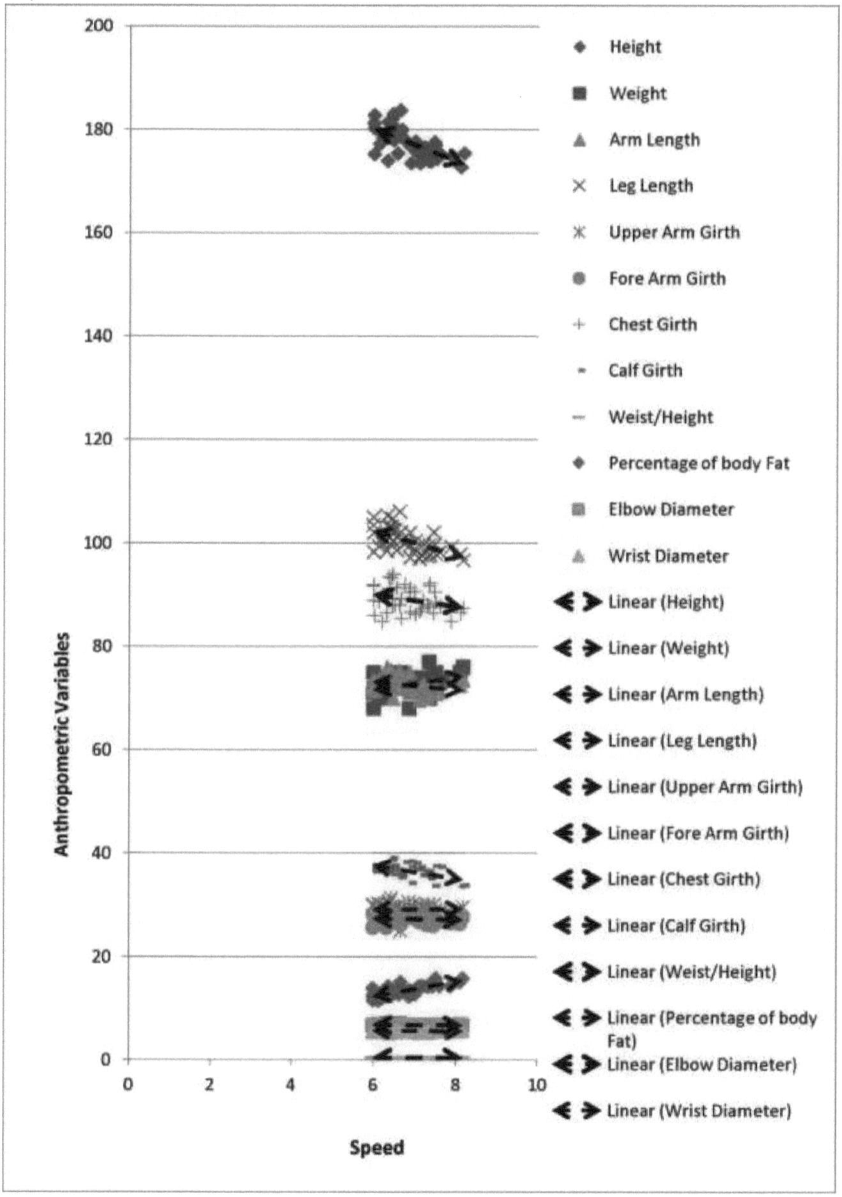

Quadro-3(A)

Contribuição combinada das variáveis antropométricas para a velocidade do grupo de elite

Variáveis de critério	Variáveis independentes	Coeficiente de correlação múltipla
Velocidade	Altura	0.925*
	Comprimento da perna	
	Perímetro do braço	
	Perímetro da barriga da perna	
	Rácio cintura/altura	
	Percentagem de gordura corporal	

Significativo ao nível de .05

$r_{.05}(33)$ =0.324

A Tabela-3(A) revela que a altura, o comprimento da perna, o perímetro do braço, o perímetro da barriga da perna, o rácio cintura/altura e a percentagem de gordura corporal estão correlacionados com a velocidade a um nível de significância de 0,05, sendo o 'R' calculado 0,925> o 'R' tabelado 0,324.

Quadro-3(B)

Resumo do modelo

R Quadrado	Quadrado R ajustado	Erro padrão
0.855	0.829	0.24522

A tabela revela a percentagem de variação na variável de critério devida às variáveis de previsão. É claramente evidente na tabela que as variáveis preditoras causaram 82,9% de variação na variável critério (velocidade).

Quadro-3(C)

Tabela ANOVA

	Soma dos quadrados	d.f	Quadrado médio	F	Significativo
Regressão	11.735	6	1.956	32.525*	.000
Residual	1.984	33	0.060		
Total	13.719	39	2.016		

Tab $F_{0.05}(6, 33)$ =2.38

Os resultados do quadro revelam que o modelo de regressão desenvolvido é significativo para a previsão da variável de critério e que o modelo pode ser utilizado para outras previsões, enquanto o valor de "F" foi considerado significativo a um nível de significância de 0,05.

Análise de regressão múltipla

A equação de regressão múltipla para prever a velocidade com base na contribuição relativa de seis variáveis antropométricas do grupo de elite resultou no seguinte

Equação-1

$$Y=12,420-0,146(x_1)+0,104(x_2)+0,165(x_3)-0,099(x_4)+8,206(x_5)+0,369(x_6)$$

Y=Predictor (Velocidade)

X1=Altura

X2=Comprimento da perna

X3=Cintura do braço superior

X4=Calcâneo

X5=Razão da altura da cintura

X6=Percentagem de gordura corporal

A equação de regressão acima mencionada mostra que a velocidade depende da altura, do comprimento da perna, da circunferência do braço, da circunferência da barriga da perna, da relação cintura/altura e da percentagem de gordura corporal.

A relação entre as variáveis antropométricas do grupo de elite e a agilidade foi calculada utilizando o método de correlação do momento do produto, que é apresentado na tabela n.º 4.

Quadro 4

Relação entre variáveis antropométricas selecionadas e a Agilidade no grupo de elite

Variáveis	Coeficiente de correlação
Altura	0.434*
Peso	0.375*
Comprimento do braço	0.237
Comprimento da perna	0.367*
Perímetro do braço	-0.233
Perímetro do antebraço	-0.150
Perímetro do peito	-0.110
Perímetro da barriga da perna	-0.339*
Rácio cintura/altura	-0.199
Percentagem de gordura corporal	0.374*
Diâmetro do cotovelo	0.282
Diâmetro do pulso	0.280

Significativo ao nível de .05

$r_{.05}(38)$ =0.304

O quadro -4 revela que a agilidade está significativamente correlacionada com a altura, o peso, o comprimento da perna, o perímetro da barriga da perna e a percentagem de gordura corporal ao nível de significância de 0,05, ao passo que a agilidade não está significativamente correlacionada com o comprimento do braço, o perímetro do braço, o perímetro do braço, o perímetro do peito, o rácio cintura/altura, o diâmetro do cotovelo e o diâmetro do pulso ao nível de significância de 0,05.

Correlação entre a Variável Dependente (Agilidade) e a Variável Independente (Caraterísticas Caraterísticas Antropométricas Selecionadas) de Jogadores de Críquete de Elite.

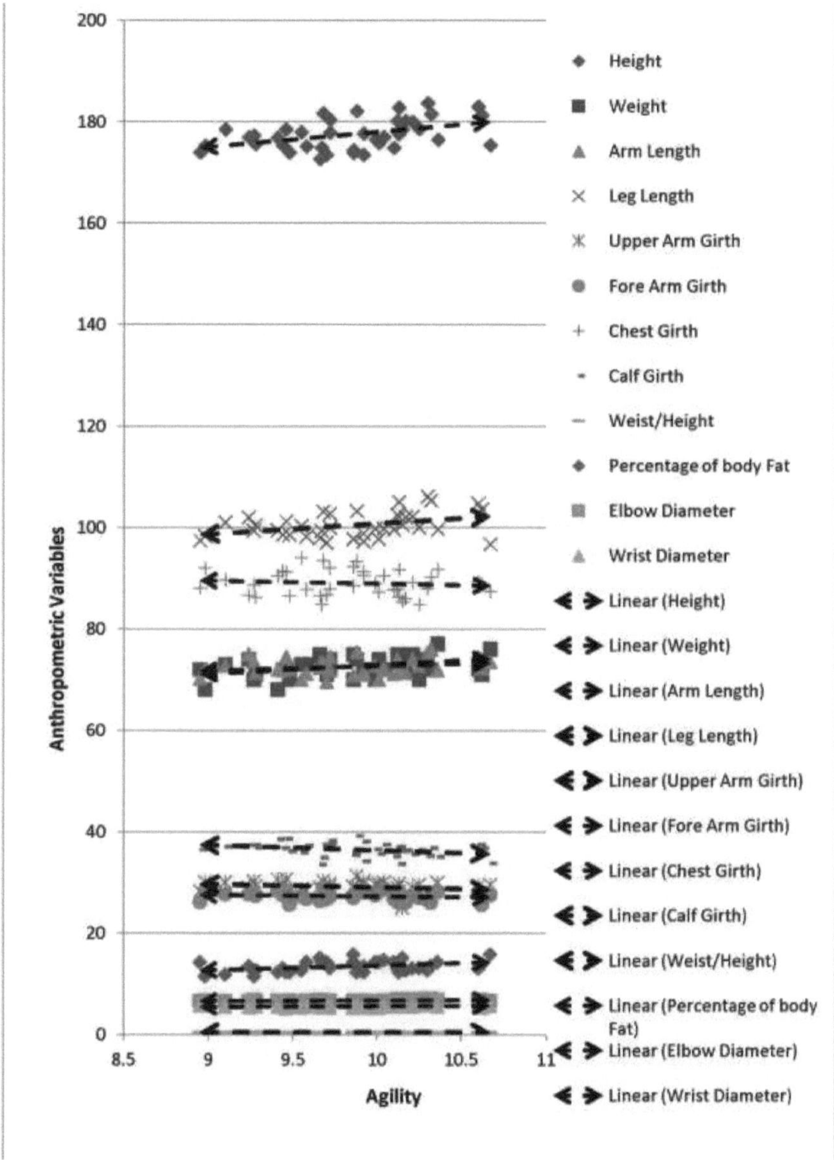

Quadro-4(A)

Contribuição combinada das variáveis antropométricas para a agilidade do grupo de elite

Variáveis de critério	Variáveis independentes	Coeficiente de correlação múltipla
Agilidade	Altura	0.835*
	Peso	
	Comprimento da perna	
	Perímetro da barriga da perna	
	Percentagem de gordura corporal	

Significativo ao nível de .05

$r_{.05}(34) = 0.324$

A Tabela-4(A) revelou que a Altura, o Peso, o Comprimento da perna, o perímetro da barriga da perna e a Percentagem de gordura corporal foram encontrados conjuntamente correlacionados com a Agilidade a um nível de significância de 0,05, foram calculados 'R' 0,835> tabulados 'R' 0,324.

Quadro-4(B)

Resumo do modelo

R Quadrado	Quadrado R ajustado	Erro padrão
0.696	0.652	0.25878

A tabela revela a percentagem de variação na variável de critério devido às variáveis de previsão. É claramente evidente na tabela que as variáveis preditoras causaram 65,2% de variação na variável critério (Agilidade).

Quadro-4(C)

Tabela ANOVA

	Soma dos quadrados	d.f	Quadrado médio	F	Significativo
Regressão	5.225	5	1.045	15.604*	.000
Residual	2.277	34	0.067		
Total	7.502	39	1.112		

Tab $F_{0.05}(5, 34) = 2.49$

Os resultados do quadro revelam que o modelo de regressão desenvolvido é significativo para a previsão da variável de critério e que o modelo pode ser utilizado para outras previsões, enquanto o valor de "F" foi considerado significativo a um nível de significância de 0,05.

Análise de regressão múltipla

A equação de regressão múltipla para prever a agilidade com base na contribuição relativa de cinco variáveis antropométricas do grupo de elite resultou no seguinte

Equação-2

$Y = -8{,}501 + 0{,}206(x_1) - 0{,}059(x_2) - 0{,}095(x_3) - 0{,}194(x_4) + 0{,}204(x_5)$

Y=Predictor (Agilidade)

X1=Altura

X2=Peso

X3=Comprimento da perna

x_4= Perímetro da barriga da perna

x_5= Percentagem de gordura corporal

A equação de regressão acima mencionada mostra que a agilidade depende da altura, do peso, do comprimento da perna, da circunferência da barriga da perna e da percentagem de gordura corporal. A relação entre as variáveis antropométricas do grupo de elite e a capacidade de equilíbrio foi calculada utilizando o método de correlação do momento do produto, que é apresentado na tabela n.º 5.

Quadro 5
Relação de variáveis antropométricas selecionadas com a capacidade de equilíbrio num grupo de elite

Variáveis	**Coeficiente de correlação**
Altura	0.712*
Peso	0.391*
Comprimento do braço	0.299
Comprimento da perna	0.63*
Perímetro do braço	0.004
Perímetro do antebraço	0.259
Perímetro do peito	0.280
Perímetro da barriga da perna	0.250
Rácio cintura/altura	0.267
Percentagem de gordura corporal	-0.141
Diâmetro do cotovelo	0.185
Diâmetro do pulso	0.114

Significativo ao nível de .05
$r_{.05}(38) = 0.304$

O quadro 5 revela que a capacidade de equilíbrio está significativamente correlacionada com a altura, o peso e o comprimento da perna, ao nível de significância de 0,05, enquanto a capacidade de equilíbrio não está significativamente correlacionada com o comprimento do braço, o perímetro do braço, o perímetro do braço, o perímetro do peito, o perímetro da barriga da perna, o rácio cintura/altura, a percentagem de gordura corporal, o diâmetro do cotovelo e o diâmetro do pulso, ao nível de significância de 0,05.

Correlação entre a Variável Dependente (Capacidade de Equilíbrio) e a Variável Independente (Caraterísticas Antropométricas Selecionadas) de Jogadores de Críquete de Elite.

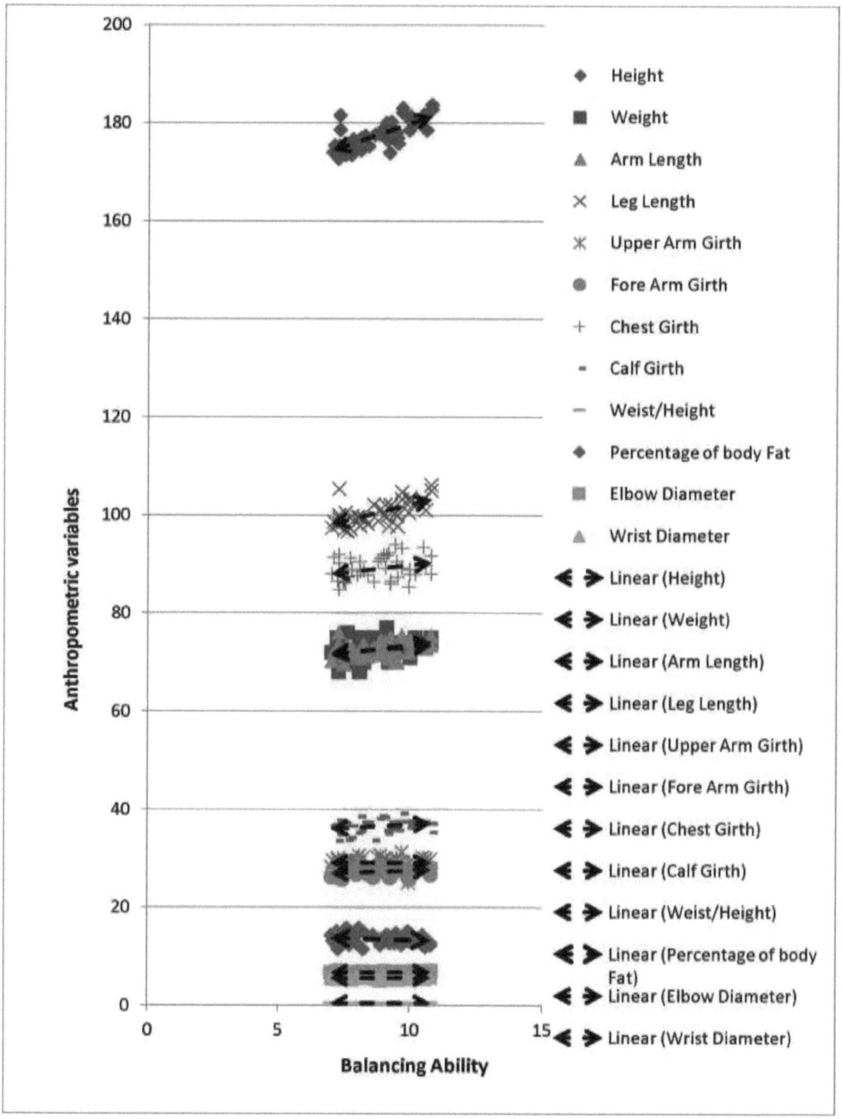

Contribuição combinada das variáveis antropométricas para a capacidade de equilíbrio de um grupo de elite.

Variáveis de critério	Variáveis independentes	Coeficiente de correlação múltipla
Capacidade de equilíbrio	Altura	0.853*
	Peso	
	Comprimento do braço	
	Rácio cintura/altura	
	Diâmetro do pulso	

Significativo ao nível de .05

$r_{.05}(34)$ =0.324

A Tabela-5(A) revela que a altura, o peso, o comprimento do braço, o rácio cintura/altura e o diâmetro do pulso estão conjuntamente correlacionados com a capacidade de equilíbrio a um nível de significância de 0,05, sendo o 'R' calculado 0,835> o 'R' tabelado 0,324.

Quadro-5(B)

Resumo do modelo

R Quadrado	Quadrado R ajustado	Erro padrão
0.728	0.688	0.64628

A tabela revela a percentagem de variação na variável de critério devida às variáveis de previsão. É claramente evidente na tabela que as variáveis preditoras causaram 68,8% de variação na variável critério (Capacidade de Equilíbrio).

Quadro 5(C)

Tabela ANOVA

	Soma dos quadrados	d.f	Quadrado médio	F	Significativo
Regressão	37.988	5	7.598	18.19*	.000
Residual	14.201	34	0.418		
Total	52.189	39	8.016		

Tab $F_{0.05}(5, 34)$ =2.49

Os resultados do quadro revelam que o modelo de regressão desenvolvido é significativo para a previsão da variável de critério e que o modelo pode ser utilizado para outras previsões, enquanto o valor de "F" foi considerado significativo a um nível de significância de 0,05.

Análise de regressão múltipla

A equação de regressão múltipla para prever a capacidade de equilíbrio com base na contribuição relativa de cinco variáveis antropométricas do grupo de elite resultou no seguinte

Equação-3

$$\mathbf{Y= -52,198+0,376(x_1) +0,165(x_2) -0,229(x_3) +16,332(x_4) -1,532(x_5)}$$

Y=Predictor (Capacidade de equilíbrio)

X1=Altura

X2=Peso

X3=Comprimento do braço

X4=Razão da altura da cintura

X5=Diâmetro do pulso

A equação de regressão acima referida mostra que a capacidade de equilíbrio depende da altura, do peso, do comprimento do braço, do rácio cintura/altura e do diâmetro do pulso.

A relação entre as variáveis antropométricas do grupo de elite e a Capacidade de Reação foi calculada utilizando o método de correlação do momento do produto, que é apresentado no quadro nº 6.

Quadro 6
Relação entre variáveis antropométricas selecionadas e a capacidade de reação num grupo de elite

Variáveis	**Coeficiente de correlação**
Altura	-0.530*
Peso	0.387*
Comprimento do braço	-0.378*
Comprimento da perna	-0.496*
Perímetro do braço	-0.291
Perímetro do antebraço	-0.236
Perímetro do peito	-0.233
Perímetro da barriga da perna	-0.491*
Rácio cintura/altura	-0.120
Percentagem de gordura corporal	0.761*
Diâmetro do cotovelo	-0.069
Diâmetro do pulso	-0.060

Significativo ao nível de .05
$r_{.05}(38) = 0.304$

O quadro 6 revela que a capacidade de reação está significativamente correlacionada com a altura, o peso, o comprimento do braço, o comprimento da perna, o perímetro da barriga da perna e a percentagem de gordura corporal, ao nível de significância de 0,05, enquanto a capacidade de reação não está significativamente correlacionada com o perímetro do braço, o perímetro do braço, o perímetro do peito, a relação cintura/altura, o diâmetro do cotovelo e o diâmetro do pulso, ao nível de significância de 0,05.

Correlação entre a Variável Dependente (Capacidade de Reação) e a Variável Independente (Caraterísticas Antropométricas Selecionadas) de Jogadores de Críquete de Elite.

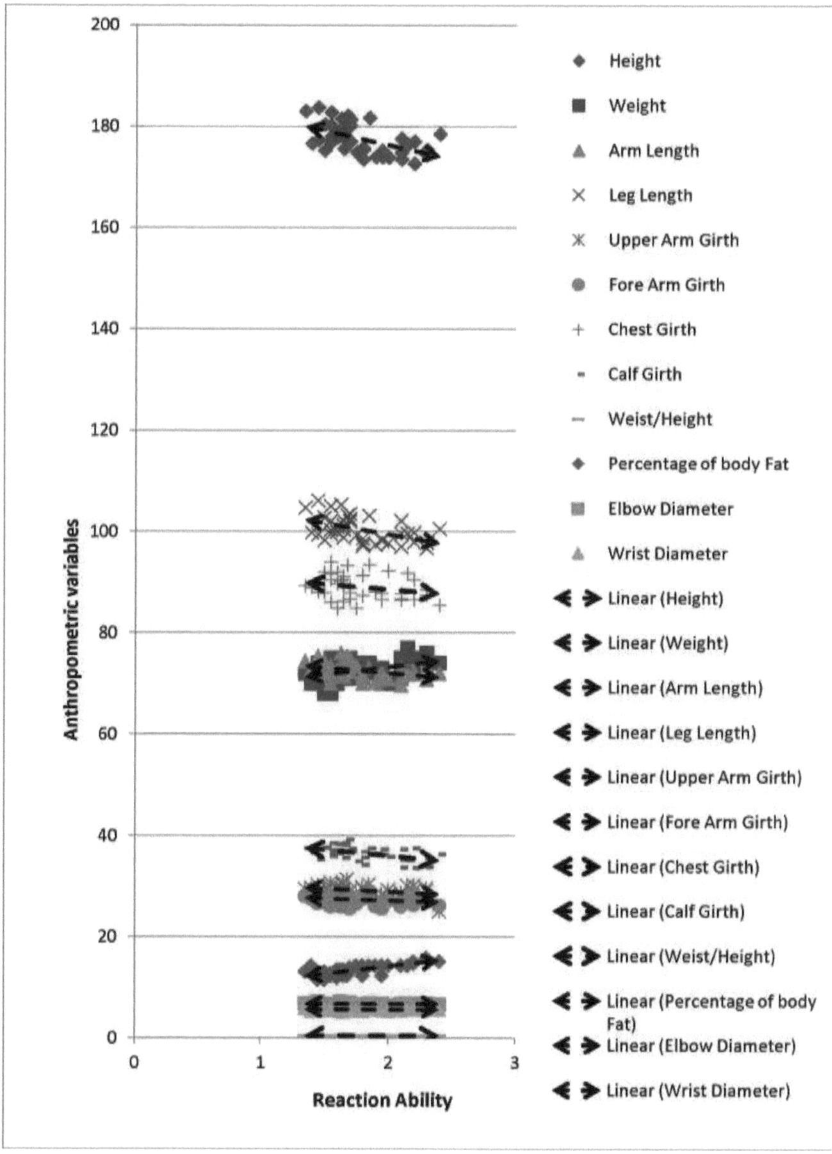

Contribuição combinada das variáveis antropométricas para a capacidade de reação do grupo de elite

Variáveis de critério	Variáveis independentes	Coeficiente de correlação múltipla
Capacidade de reação	Altura	0.875*
	Peso	
	Perímetro do braço	
	Perímetro do peito	
	Percentagem de gordura corporal	
	Diâmetro do pulso	

Significativo ao nível de .05

$r_{.05}(33) = 0.324$

A Tabela-6(A) revelou que a altura, o peso, a circunferência do braço, a circunferência do tórax, a percentagem de gordura corporal e o diâmetro do pulso estavam conjuntamente correlacionados com a capacidade de reação a um nível de significância de 0,05, sendo o 'R' calculado 0,875> o 'R' tabelado 0,324.

Quadro 6(B)

Resumo do modelo

R Quadrado	Quadrado R ajustado	Erro padrão
0.765	0.723	0.14560

A tabela revela a percentagem de variação na variável de critério devida às variáveis de previsão. É claramente evidente na tabela que as variáveis preditoras causaram 72,3% de variação na variável critério (Capacidade de Reação).

Quadro 6(C)

Tabela ANOVA

	Soma dos quadrados	d.f	Quadrado médio	F	Significativo
Regressão	2.282	6	0.380		
Residual	.700	33	0.021		.000
Total	2.981	39	0.401	17.938*	

Tab $F_{0.05}(6, 33) = 2.38$

Os resultados do quadro revelam que o modelo de regressão desenvolvido é significativo para a previsão da variável de critério e que o modelo pode ser utilizado para outras previsões, enquanto o valor de "F" foi considerado significativo a um nível de significância de 0,05.

Análise de regressão múltipla

A equação de regressão múltipla para prever a Capacidade de Reação com base na contribuição relativa de seis variáveis antropométricas do grupo de elite resultou no seguinte

Equação-4

$$Y=5,151-0,054(x_1)+0,036(x_2)-0,056(x_3)+0,023(x_4)+0,113(x_5)+0,285(x_6)$$

Y=Predictor (Capacidade de reação)

X1=Altura

X2=Peso

X3=Cintura do braço superior

X4=Cerca do peito

X5=Percentagem de gordura corporal

X6=Diâmetro do pulso

A equação de regressão acima mencionada mostra que a capacidade de reação depende da altura, do peso, da circunferência do braço, da circunferência do peito, da percentagem de gordura corporal e do diâmetro do pulso.

Quadro 7

Cálculo para o Grupo de Sub-Elite

Análise descritiva de variáveis antropométricas selecionadas de jogadores de críquete de sub-Elite

	N	Média	Desvio	S.D	Inclinação.	Kurt.	Gama	Min.	Máximo.	S.Err.
Ht.	40	174.01	41.45	6.43	0.44	-0.97	21.5	164.5	186	1.01
Peso.	40	69.25	18.03	4.24	-0.15	-0.58	17	60	77	0.67
A.L	40	70.14	14.12	3.75	0.62	-0.19	14	64	78	0.59
L.L	40	96.98	37.22	6.10	0.23	-0.93	22	86.5	108.5	0.96
U.A.G	40	28.29	1.27	1.12	0.73	1.68	6	26	32	0.17
F.A.G	40	26.04	1.34	1.15	0.36	-0.01	5	24	29	0.18
Perímetro do peito	40	87.76	4.49	2.12	0.71	0.76	9	84.5	93.5	0.33
Bezerro. G	40	36.09	1.77	1.33	-0.04	-1.12	4.5	33.9	38.4	0.21
A/H	40	0.46	0.0003	0.01	-0.44	0.13	0.08	0.42	0.5	0.00
% B.F	40	13.85	1.12	1.05	-0.47	0.95	5.4	11	16.4	0.16
E.D	40	6.52	0.08	0.29	-0.42	1.16	1.46	5.75	7.21	0.04
W.D	40	5.41	0.04	0.21	0.01	-0.21	0.87	4.93	5.8	0.03

A Tabela 7 revela que os valores médios das variáveis antropométricas dos jogadores de críquete de sub-elite são Altura 174,01±6,43, Peso 69,25±4,24, Comprimento do braço 70,14±3,75, Comprimento da perna 96,98±6,10, Perímetro do braço 28,29±1,12, Perímetro do braço 26,04±1,15, Perímetro do peito 87.76±2,12, perímetro da barriga da perna 36,09±1,33, relação cintura/altura 0,46±0,01, percentagem de gordura corporal 13,85±1,05, diâmetro do cotovelo 6,52±0,29, diâmetro do pulso 5,41±0,21,

Nas mesmas categorias, os valores mínimos e máximos para as variáveis antropométricas foram: Altura (164,5; 186) e amplitude de 21,5, Peso (60; 77) e amplitude de 17, Comprimento do Braço (64; 78) e amplitude de 14, Comprimento da Perna (86,5; 108,50) e amplitude de 22, Perímetro do Braço (26; 32) e amplitude de 6, Perímetro do Braço (24; 29) e amplitude de 5, Perímetro do Peito (84,5; 93.5) e o intervalo é 9, Perímetro da barriga da perna (33,9; 38,4) e o intervalo é 4,5, Relação cintura/altura (0,42; 0,5) e o intervalo é 0,08, Percentagem de gordura corporal (11; 16,4) e o intervalo é 5,4, Diâmetro do cotovelo (5,75; 7,21) e o intervalo é 1,46, Diâmetro do pulso (4,93; 5,8) e o intervalo é 0,87.

As variáveis Altura, Comprimento do Braço, Comprimento da Perna, Perímetro do Braço Superior, Perímetro do Braço Anterior, Perímetro do Tórax e Diâmetro do Punho apresentaram enviesamento positivo, enquanto as variáveis Peso, Panturrilha

O perímetro, o rácio cintura/altura, a percentagem de gordura corporal e o diâmetro do cotovelo apresentaram uma assimetria negativa. A distribuição negativamente enviesada mostra que a maior parte dos dados se encontra no lado superior, enquanto a distribuição positivamente enviesada mostra que a maior parte dos dados se encontra no lado inferior.

O valor da curtose para a altura, o peso, o comprimento do braço, o comprimento da perna, o perímetro do antebraço, o perímetro da barriga da perna e o diâmetro do pulso foi negativo, ao passo que para o perímetro do braço, o perímetro do peito, a relação cintura/altura, a percentagem de gordura corporal e o diâmetro do cotovelo foi positivo. A curtose negativa mostra que os dados relativos a estas variáveis eram mais variáveis do que os da distribuição normal, ao passo que a curtose positiva mostra que os dados relativos a estas variáveis eram menos variáveis do que os da distribuição normal. Ao analisar o valor do coeficiente de variância, verificou-se que a variabilidade máxima foi de 41,45 em relação à altura, enquanto a variabilidade mínima foi de 0,0003 no rácio cintura-estatura.

Quadro 8
Análise Descritiva de Variáveis Motoras Selecionadas de Jogadores de Críquete de Sub-Elite

	N	Média	Desvio	S.D	Inclinação.	Kurt.	Gama	Min.	Máximo.	S.Err.
Velocidade	40	6.94	0.39	0.62	0.01	-0.94	2.24	5.86	8.1	0.09
Agilidade	40	9.89	0.18	0.43	0.63	-0.41	1.74	9.16	10.9	0.06
Equilíbrio Ab.	40	8.80	1.79	1.33	0.83	-0.56	4.41	7.19	11.6	0.21
Reação Ab.	40	1.9	0.06	0.25	-0.30	-1.23	0.85	1.45	2.3	0.03

A Tabela 2 revelou que os valores médios da variável motora baseada no desempenho dos jogadores de críquete de subelite foram Velocidade 6.94±0.62, Agilidade 9.89±0.43, Capacidade de Equilíbrio 8.80±1.33, Capacidade de Reação 1.9±0.25,

Nas mesmas categorias, os valores mínimos e máximos para as variáveis motoras baseadas no desempenho foram Velocidade (5,86; 8,10) e amplitude de 2,24, Agilidade (9,16; 10,90) e amplitude de 1,74, Capacidade de Equilíbrio (7,19; 11,6) e amplitude de 4,41, Capacidade de Reação (1,45; 2,3) e amplitude de 0,85,

As variáveis Velocidade, Agilidade e Capacidade de Equilíbrio apresentaram uma assimetria positiva, enquanto as variáveis Capacidade de Reação apresentaram uma assimetria negativa. A distribuição negativamente enviesada mostra que a maior parte dos dados se encontra no lado superior, enquanto a distribuição positivamente enviesada mostra que a maior parte dos dados se encontra no lado inferior.

O valor da curtose para a Velocidade, Agilidade, Capacidade de Equilíbrio e Capacidade de Reação foi negativo. A curtose negativa mostra que os dados relativos a estas variáveis eram mais variáveis do que os da distribuição normal. Ao analisar o valor do coeficiente de variância, verificou-se que a variabilidade máxima foi de 1,79 em relação à Capacidade de Equilíbrio, enquanto a variabilidade mínima foi de 0,06 na Capacidade de Reação.

Os dados foram analisados utilizando a correlação produto-momento para descobrir a relação entre as variáveis antropométricas selecionadas do grupo Sub-Elite e a Velocidade. Os resultados relativos à relação são apresentados na Tabela no-9.

Tabela-9

Relação entre variáveis antropométricas selecionadas e a velocidade no grupo sub-elite

Variáveis	Coeficiente de correlação
Altura	-0.700*
Peso	-0.445
Comprimento do braço	-0.517
Comprimento da perna	-0.724*
Perímetro do braço	-0.266
Perímetro do antebraço	-0.071
Perímetro do peito	-0.227
Perímetro da barriga da perna	-0.735*
Rácio cintura/altura	0.264
Percentagem de gordura corporal	0.511*
Diâmetro do cotovelo	-0.119
Diâmetro do pulso	-0.229

Significativo ao nível de .05

$r_{.05}(38) = 0.304$

O quadro 9 revela que a velocidade da Sub Elite está significativamente correlacionada com a altura, o peso, o comprimento do braço, o comprimento da perna, o perímetro da barriga da perna e a percentagem de gordura corporal ao nível de significância de 0,05, enquanto a velocidade está insignificantemente correlacionada com o perímetro do braço, o perímetro do braço, o perímetro do peito, o rácio cintura/altura, o diâmetro do cotovelo e o diâmetro do pulso ao nível de significância de 0,05.

Correlação entre a Variável Dependente (Velocidade) e a Variável Independente (Caraterísticas

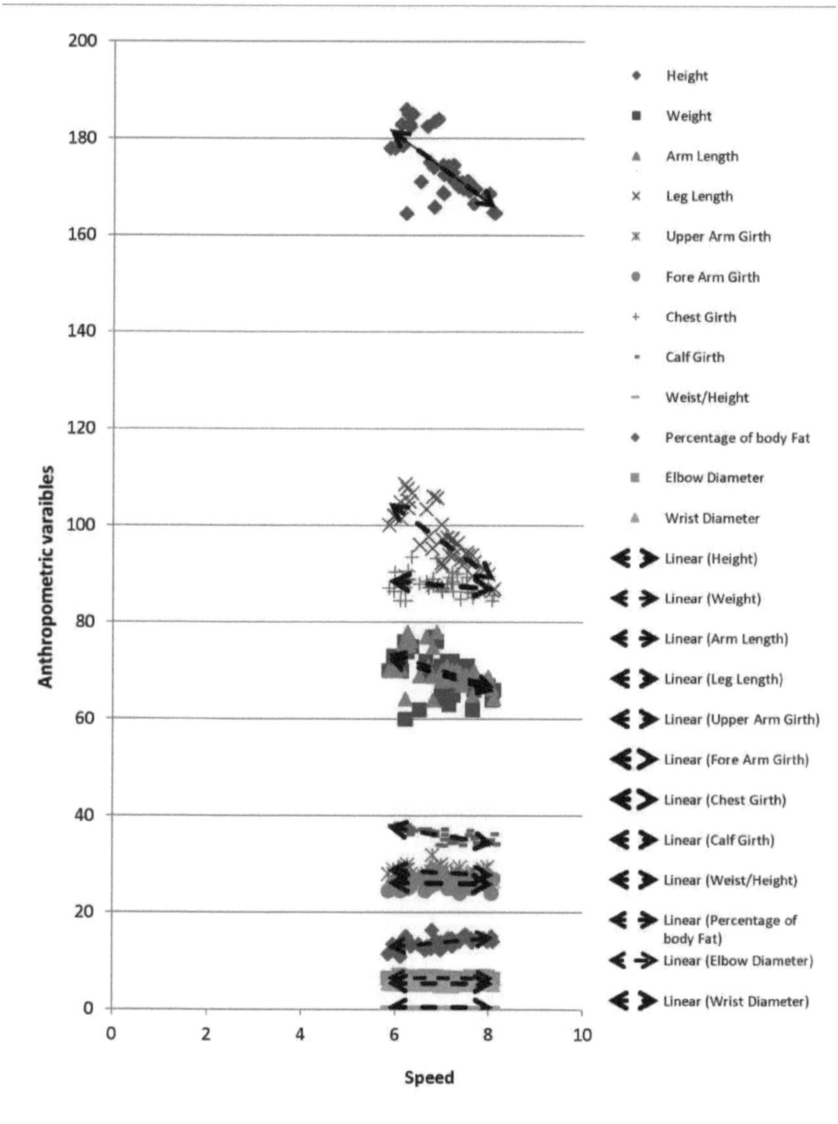

Caraterísticas Antropométricas Selecionadas) de Jogadores de Críquete de Sub-Elite.

Contribuição combinada das variáveis antropométricas para a velocidade do grupo de sub elite

Variáveis de critério	**Variáveis independentes**	**Coeficiente de correlação múltipla**
Velocidade	Altura	0.955*
	Peso	
	Comprimento do braço	
	Comprimento da perna	
	Perímetro do braço	
	Perímetro da barriga da perna	
	Rácio cintura/altura	
	Percentagem de gordura corporal	

Significativo ao nível de .05 $r_{.05}(31) = 0.349$

A Tabela-9(A) revela que a altura, o peso, o comprimento do braço, o comprimento da perna, o perímetro do braço, o perímetro da barriga da perna, o rácio cintura/altura e a percentagem de gordura corporal estão correlacionados com a velocidade a um nível de significância de 0,05, sendo o 'R' calculado 0,955> o 'R' tabelado 0,349.

Quadro-9(B)

Resumo do modelo

R Quadrado	**Quadrado R ajustado**	**Erro padrão**
0.912	0.889	0.20963

A tabela revela a percentagem de variação na variável de critério devida às variáveis de previsão. É claramente evidente na tabela que as variáveis preditoras causaram 88,9% de variação na variável critério (Velocidade).

Quadro-9(C)

Tabela ANOVA

	Soma dos quadrados	**d.f**	**Quadrado médio**	**F**	**Significativo**
Regressão	14.033	8	1.754	39.916*	.000
Residual	1.362	31	0.044		
Total	15.396	39	1.798		

Tab $F_{0.05}(8, 31) = 2.25$

Os resultados do quadro revelam que o modelo de regressão desenvolvido é significativo para a previsão da variável de critério e que o modelo pode ser utilizado para outras previsões, enquanto o valor de "F" foi considerado significativo a um nível de significância de 0,05.

Análise de regressão múltipla

A equação de regressão múltipla para prever a velocidade com base na contribuição relativa de oito variáveis antropométricas do grupo de sub elite resultou no seguinte

Equação-5

Y=27,399 -0,065(x1) +0,047(x2) +0,083(x3) -0,061(x4) -0,162(x5) -0,193(x6) -3,827(x7) +0.074(x8)

Y=Predictor (Velocidade),

X1=Altura,

X2=Peso,

X3=Comprimento do braço,

X4=Comprimento da perna,

X5=Cintura do braço superior,

X6=Calcâneo,

X7=Razão da altura da cintura,

X8=Percentagem de gordura corporal

A equação de regressão acima mencionada mostra que a velocidade depende da altura, do peso, do comprimento do braço, do comprimento da perna, do perímetro do braço, do perímetro da barriga da perna, da altura da cintura e da percentagem de gordura corporal.

Os dados foram analisados utilizando a correlação produto-momento para descobrir a relação entre as variáveis antropométricas selecionadas do grupo de sub elite e a agilidade. Os resultados relativos a esta relação são apresentados na Tabela nº 10.

Tabela-10

Relação entre variáveis antropométricas selecionadas e a Agilidade em grupos de sub elite

Variáveis	**Coeficiente de correlação**
Altura	0.442*
Peso	0.447*
Comprimento do braço	0.556
Comprimento da perna	0.376*
Perímetro do braço	0.047
Perímetro do antebraço	0.048
Perímetro do peito	0.291
Perímetro da barriga da perna	-0.030
Rácio cintura/altura	0.042
Percentagem de gordura corporal	0.330*
Diâmetro do cotovelo	0.292
Diâmetro do pulso	0.288

Significativo ao nível de .05

$r_{.05}(38)$ =0.304

O quadro 10 revela que a Agilidade da Sub Elite está significativamente correlacionada com a Altura, Peso, Comprimento do braço, Comprimento da perna, Percentagem de gordura corporal ao nível de significância de 0,05, enquanto a Agilidade está insignificantemente correlacionada com o Perímetro do braço, Perímetro do braço, Perímetro do peito, Perímetro da barriga da perna, Relação cintura/altura, Diâmetro do cotovelo e Diâmetro do pulso ao nível de significância de 0,05.

Correlação entre a Variável Dependente (Agilidade) e a Variável Independente (Caraterísticas Caraterísticas Antropométricas Selecionadas) de Jogadores de Críquete de Sub-Elite.

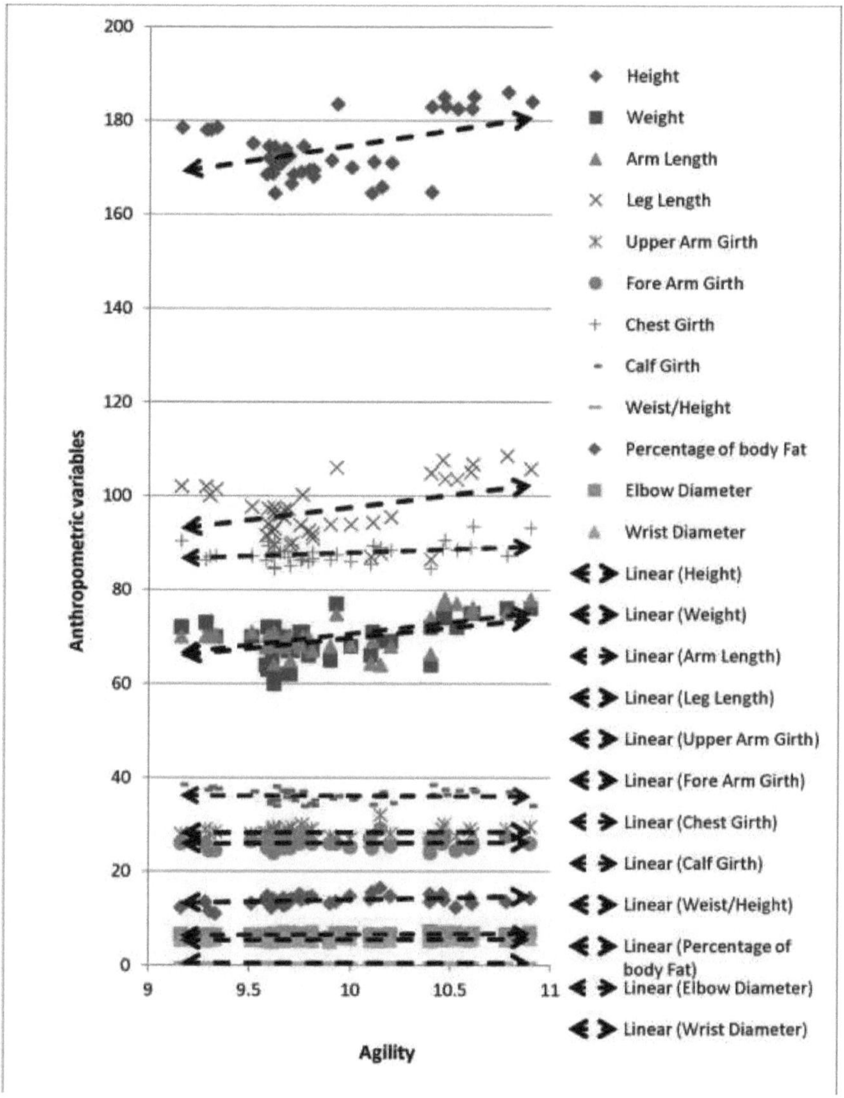

Quadro-10(A)

Contribuição combinada das variáveis antropométricas para a agilidade do grupo de sub elite

Variáveis de critério	Variáveis independentes	Coeficiente de correlação múltipla
Agilidade	Altura	0.808*
	Comprimento do braço	
	Comprimento da perna	
	Perímetro do peito	
	Rácio cintura/altura	
	Percentagem de gordura corporal	

Significativo ao nível de .05

$r_{.05}(33) = 0.324$

A Tabela-10(A) revelou que a altura, o comprimento do braço, o comprimento da perna, a circunferência do tórax, a relação cintura/altura e a percentagem de gordura corporal estavam correlacionados conjuntamente com a agilidade a um nível de significância de 0,05.

Quadro-10(B)

Resumo do modelo

R Quadrado	Quadrado R ajustado	Erro padrão
0.654	0.591	0.27819

A tabela revela a percentagem de variação na variável de critério devido às variáveis de previsão. É claramente evidente na tabela que as variáveis preditoras causaram 59,1% de variação na variável critério (Agilidade).

Quadro-10(C)

Tabela ANOVA

	Soma dos quadrados	d.f	Quadrado médio	F	Significativo
Regressão	4.818	6	0.803	10.375*	.000
Residual	2.554	33	0.077		
Total	7.372	39	0.88		

Tab $F0_{.05}(6, 33) = 2.38$

Os resultados do quadro revelam que o modelo de regressão desenvolvido é significativo para a previsão da variável de critério e que o modelo pode ser utilizado para outras previsões, enquanto o valor de "F" foi considerado significativo a um nível de significância de 0,05.

Análise de regressão múltipla

A equação de regressão múltipla para prever a Agilidade com base na contribuição relativa de seis variáveis antropométricas do grupo de sub elite resultou no seguinte

Equação-6

$$Y= -5,834+0,103(x_1) +0,081(x_2) -0,096(x_3) -0,049(x_4) +6,735(x_5) +0,194(x_6)$$

Y=Predictor (Agilidade)

X1=Altura

X2=Comprimento do braço

X3=Comprimento da perna

X4=Cerca do peito

X5=Razão da altura da cintura

X6=Percentagem de gordura corporal

A equação de regressão acima mencionada mostra que a agilidade depende da altura, do comprimento do braço, do comprimento da perna, da circunferência do peito, do rácio cintura/altura e da percentagem de gordura corporal.

Os dados foram analisados utilizando a correlação produto-momento para descobrir a relação entre as variáveis antropométricas selecionadas do grupo de sub elite e a capacidade de equilíbrio. Os resultados relativos a esta relação são apresentados na Tabela nº 11.

Tabela-11

Relação entre variáveis antropométricas selecionadas e a capacidade de equilíbrio num grupo de sub elite

grupo

Variáveis	**Coeficiente de correlação**
Altura	0.712*
Peso	0.626*
Comprimento do braço	0.720*
Comprimento da perna	0.669*
Perímetro do braço	0.105
Perímetro do antebraço	0.063
Perímetro do peito	0.272
Perímetro da barriga da perna	0.227
Rácio cintura/altura	-0.180
Percentagem de gordura corporal	-0.347*
Diâmetro do cotovelo	0.195
Diâmetro do pulso	0.224

Significativo ao nível de .05

$r_{.05}(38) = 0.304$

O quadro 11 revela que a capacidade de equilíbrio da subelite está significativamente correlacionada com a altura, o peso, o comprimento do braço, o comprimento da perna e a percentagem de gordura corporal ao nível de significância de 0,05, enquanto a capacidade de equilíbrio não está significativamente correlacionada com o perímetro do braço, o perímetro do braço, o perímetro do peito, o perímetro da barriga da perna, o rácio cintura/altura, o diâmetro do cotovelo e o diâmetro do pulso ao nível de significância de 0,05.

Correlação entre a Variável Dependente (Capacidade de Equilíbrio) e a Variável Independente (Caraterísticas Antropométricas Selecionadas) de Jogadores de Críquete da Sub-Elite.

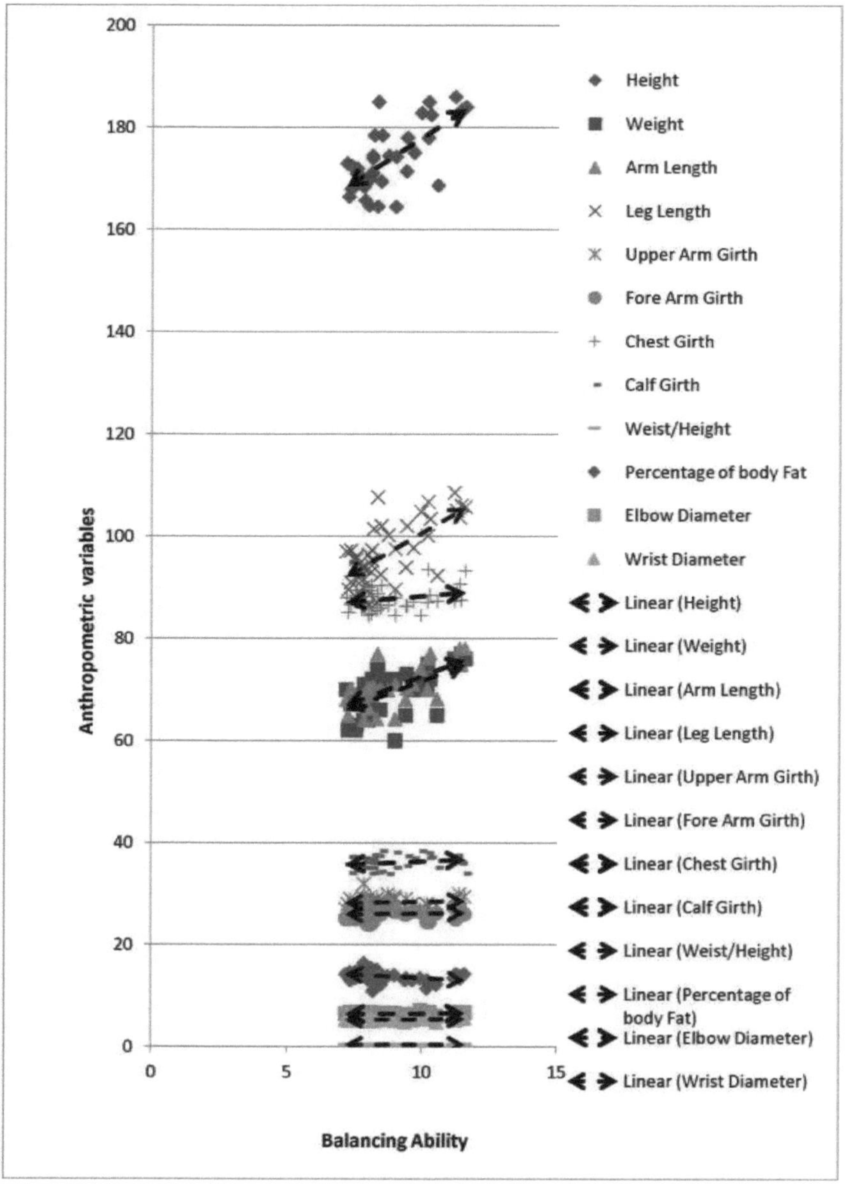

Quadro-11(A)

Contribuição combinada das variáveis antropométricas para a capacidade de equilíbrio de um grupo de sub elite

Variáveis de critério	Variáveis independentes	Coeficiente de correlação múltipla
Capacidade de equilíbrio	Altura	0.871*
	Peso	
	Comprimento do braço	
	Comprimento da perna	
	Perímetro do antebraço	
	Perímetro do peito	
	Rácio cintura/altura	
	Percentagem de gordura corporal	
	Diâmetro do pulso	

Significativo ao nível de .05 $r_{.05}(30) = 0.349$

A Tabela-11(A) revela que a altura, o peso, o comprimento do braço, o comprimento da perna, o perímetro do braço, o perímetro do peito, o rácio cintura/altura, a percentagem de gordura corporal e o diâmetro do pulso estão correlacionados com a capacidade de equilíbrio a um nível de significância de 0,05.

Quadro-11(B)

Resumo do modelo

R Quadrado	Quadrado R ajustado	Erro padrão
0.759	0.686	0.74975

A tabela revela a percentagem de variação na variável de critério devida às variáveis de previsão. É claramente evidente na tabela que as variáveis de previsão causaram 59,1% de variação na variável de critério (capacidade de equilíbrio).

Quadro-11(C)

Tabela ANOVA

	Soma dos quadrados	d.f	Quadrado médio	F	Significativo
Regressão	53.033	9	5.893	10.483*	.000
Residual	16.864	30	0.562		
Total	69.897	39	6.455		

Tab $F_{0.05}(9, 30) = 2.21$

Os resultados do quadro revelam que o modelo de regressão desenvolvido é significativo para a previsão da variável de critério e que o modelo pode ser utilizado para outras previsões, enquanto o valor de "F" foi considerado significativo a um nível de significância de 0,05.

Análise de regressão múltipla

A equação de regressão múltipla para prever a Capacidade de Equilíbrio com base na contribuição relativa de nove variáveis antropométricas do grupo de sub elite resultou no seguinte

Equação-7

$$Y= -23,800+0,276(x_1) +0,123(x_2) +0,236(x_3) -0,267(x_4) +0,286(x_5) -0,233(x_6) +27,215(x_7) -0,404(x_8) -1,600(x_9)$$

Y=Predictor (Capacidade de equilíbrio)

X1=Altura

X2=Peso

X3=Comprimento do braço

X4=Comprimento da perna

X5=Cintura do antebraço

X6=Cerca do peito

X7=Razão da altura da cintura

X8=Percentagem de gordura corporal

X9=Diâmetro do pulso

A equação de regressão acima mencionada mostra que a capacidade de equilíbrio depende da altura, do peso, do comprimento do braço, do comprimento da perna, da circunferência do antebraço, da circunferência do peito, do rácio cintura/altura, da percentagem de gordura corporal e do diâmetro do pulso.

Os dados foram analisados utilizando a correlação produto-momento para descobrir a relação entre as variáveis antropométricas selecionadas do grupo de sub elite e a Capacidade de Reação. Os resultados relativos a esta relação são apresentados na Tabela n.º 12.

Tabela-12
Relação entre variáveis antropométricas selecionadas e a Capacidade de Reação em grupos de sub elite grupo

Variáveis	Coeficiente de correlação
Altura	-0.476*
Peso	-0.208
Comprimento do braço	-0.317*
Comprimento da perna	-0.487*
Perímetro do braço	-0.181
Perímetro do antebraço	-0.198
Perímetro do peito	-0.189
Perímetro da barriga da perna	-0.511*
Rácio cintura/altura	0.224
Percentagem de gordura corporal	0.524*
Diâmetro do cotovelo	-0.184
Diâmetro do pulso	-0.300

Significativo ao nível de .05
$r_{.05}(38) = 0.304$

O quadro 12 revela que a Capacidade de Reação da Sub Elite está significativamente correlacionada com a Altura, o comprimento do braço, o comprimento da perna, o perímetro da barriga da perna e a Percentagem de gordura corporal ao nível de significância de 0,05, enquanto a Capacidade de Reação está insignificantemente correlacionada com o perímetro do braço, o perímetro do braço, o perímetro do peito, o perímetro da barriga da perna, o rácio cintura/altura, o diâmetro do cotovelo e o diâmetro do pulso ao nível de significância de 0,05.

Correlação entre a Variável Dependente (Capacidade de Reação) e a Variável Independente (Caraterísticas Antropométricas Selecionadas) de Jogadores de Críquete de Sub-Elite.

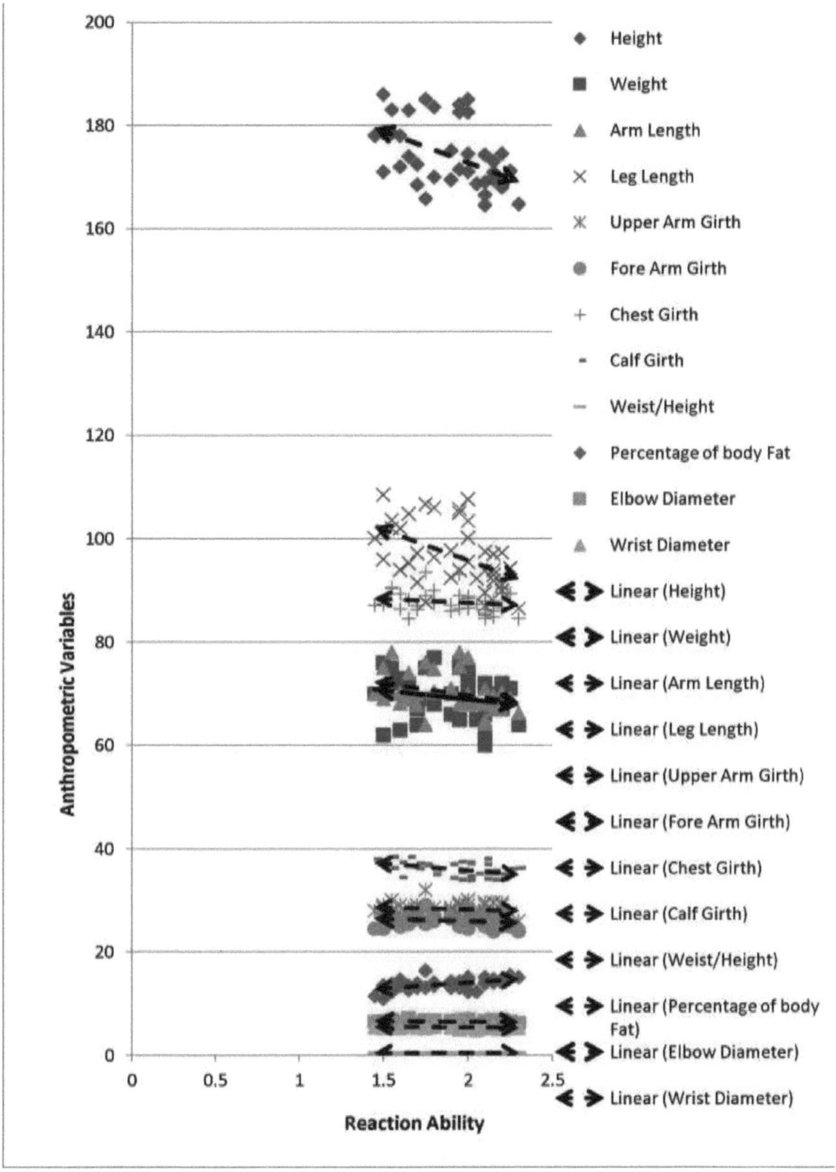

Quadro-12(A)
Contribuição combinada das variáveis antropométricas para a capacidade de reação de um grupo de grupo

Variáveis de critério	Variáveis independentes	Coeficiente de correlação múltipla
Capacidade de reação	Altura	0.773*
	Peso	
	Comprimento do braço	
	Perímetro do antebraço	
	Percentagem de gordura corporal	

Significativo ao nível de .05
$r_{.05}(34) = 0.324$

O quadro 12(A) revela que a altura, o peso, o comprimento do braço, a circunferência do antebraço e a percentagem de gordura corporal estão correlacionados com a capacidade de reação a um nível de significância de 0,05, sendo o "R" calculado de 0,773> o "R" tabelado de 0,324

Quadro-12(B)
Resumo do modelo

R Quadrado	Quadrado R ajustado	Erro padrão
0.597	0.538	0.17033

A tabela revela a percentagem de variação na variável de critério devida às variáveis de previsão. É claramente evidente na tabela que as variáveis preditoras causaram 53,8% de variação na variável critério (Capacidade de Reação).

Quadro-12(C)
Tabela ANOVA

	Soma dos quadrados	d.f	Quadrado médio	F	Significativo
Regressão	1.464	5	0.293	10.089*	.000
Residual	0.986	34	0.029		
Total	2.450	39	0.322		

Tab $F_{0.05}(5, 34) = 2.49$

Os resultados do quadro revelam que o modelo de regressão desenvolvido é significativo para a previsão da variável de critério e que o modelo pode ser utilizado para outras previsões, enquanto o valor de "F" foi considerado significativo a um nível de significância de 0,05.

Análise de regressão múltipla

A equação de regressão múltipla para prever a Capacidade de Reação com base na contribuição relativa de cinco variáveis antropométricas do grupo de sub elite resultou no seguinte

Equação-8

$Y= 7,903 -0,059(x_1) +0,030(x_2) +0,049(x_3)-0,077(x_4) +0,062(x_5)$

Y=Predictor (Capacidade de reação)

X1=Altura

X2=Peso

X3=Comprimento do braço

X4=Cintura do antebraço

X5=Percentagem de gordura corporal

A equação de regressão acima mencionada mostra que a capacidade de reação depende da altura, do peso, do comprimento do braço, da circunferência do antebraço e da percentagem de gordura corporal.

Discussão dos resultados

O objetivo do estudo era prever a componente motora baseada no desempenho em relação às suas caraterísticas antropométricas. À luz dos dados analisados, podem ser efectuadas várias previsões. Neste estudo, foram desenvolvidas oito equações para grupos de elite e sub elite para prever componentes motores baseados no desempenho. Para analisar a correlação dos dados, procurou-se descobrir a relação entre as variáveis antropométricas selecionadas e a velocidade dos jogadores de críquete de elite. No que respeita aos jogadores de críquete de elite, o resultado do estudo indica claramente que, no caso da velocidade, existe uma correlação significativa com a altura, o peso, o comprimento da perna, o perímetro da barriga da perna e a percentagem de gordura corporal. Isto pode ser atribuído ao facto de a altura dos jogadores poder ser um fator determinante no aumento da velocidade, uma vez que aumenta o comprimento da passada. No caso do peso, o facto de todos os jogadores observados serem jogadores de críquete de elite e de atingir essa fase requerer um programa muito extenuante seguido durante um longo período de tempo, pelo que os jogadores têm um nível de aptidão física muito elevado e um nível ótimo de massa muscular necessário para a natureza do jogo. Um resultado semelhante é observado no caso da percentagem de gordura corporal. O resultado do estudo também indica uma relação significativa com a velocidade, o que pode dever-se ao facto de o comprimento da perna influenciar diretamente o comprimento da passada. No caso da circunferência da barriga da perna, sabe-se que a velocidade depende relativamente da força explosiva dos músculos e também da capacidade de explosão dos músculos. O perímetro da barriga da perna é medido no ponto máximo de abaulamento dos músculos gastrocnémios. Este facto está associado à produção de força nas extremidades inferiores, o que pode ter causado o aumento da capacidade de velocidade. No caso do comprimento do braço, da circunferência do braço, da circunferência do antebraço, da circunferência do tórax, do rácio cintura-quadril, do diâmetro do cotovelo e do diâmetro do pulso, foi encontrada uma relação insignificante. **Miroljub e et al.** também revelaram no seu estudo que a velocidade é uma variável que depende da morfologia dos atletas. Os resultados do seu estudo revelaram que os preditores antropométricos causam 59% de variação na variável critério velocidade, o que apoia os resultados do presente estudo.

A agilidade é importante em todas as actividades e desportos. Os desportos individuais e de equipa implicam arranques e paragens rápidas, mudanças rápidas de direção, trabalho de pés eficiente e ajustamento rápido do corpo ou de partes do corpo. Os indivíduos com boa agilidade têm mais hipóteses de sucesso nestes jogos e desportos. De acordo com os resultados, a agilidade está significativamente correlacionada com a altura, o peso, o comprimento das pernas, o perímetro da barriga da perna e as percentagens de gordura corporal. Os coeficientes de correlação múltipla de 0,835 são significativos ao nível de 0,05. O resultado do presente estudo indica claramente que existe uma relação significativa entre a agilidade e a altura, o peso e o comprimento das pernas,

Perímetro da barriga da perna e percentagem de gordura corporal dos jogadores do grupo de elite. A agilidade é a "mudança de direção no tempo mais rápido possível na área mais curta possível" e esta qualidade exige um nível muito elevado de aptidão física. A agilidade requer força nas partes do corpo em causa que são responsáveis pelo movimento motor. Os resultados do estudo sugerem que o perímetro da barriga da perna está significativamente correlacionado com a agilidade. Os jogadores de críquete de elite tinham uma altura, peso, comprimento das pernas e perímetro da barriga da perna adequados, o que pode ter afetado positivamente o seu carácter ágil. Em termos de outras variáveis antropométricas, foi encontrada uma relação insignificante no caso do comprimento do braço, perímetro do braço superior, perímetro do braço anterior, perímetro torácico, rácio cintura/altura, diâmetro do cotovelo e diâmetro do pulso. **Radmila e et al.** revelaram no seu estudo que as caraterísticas antropométricas têm um efeito significativo nas capacidades de coordenação dos indivíduos do sexo masculino. Os resultados sugerem que a altura do corpo, o comprimento da perna, o comprimento do braço, o volume do tórax, o volume do braço, o volume da coxa e o volume da barriga da perna têm um efeito significativo na capacidade de coordenação.

Manter o equilíbrio corporal é uma das qualidades físicas mais importantes exigidas a qualquer desportista e os jogadores de críquete não são exceção. O resultado do estudo indica que a altura, o peso e o comprimento das pernas estão diretamente relacionados com a capacidade de equilíbrio dos jogadores de críquete de elite. Como se sabe, o equilíbrio é um estado em que o peso é distribuído uniformemente, permitindo que uma pessoa ou uma coisa se mantenha estável e direita, ou uma situação em que diferentes partes estão na proporção correta. Em certas posições, o equilíbrio também é afetado pela força. Para alguns indivíduos, o aumento da força resulta numa melhor capacidade de equilíbrio. A altura e o comprimento das pernas estão diretamente relacionados com o centro de gravidade da pessoa. Se a altura do centro de gravidade for baixa, a pessoa tem mais estabilidade e equilíbrio. Não foram encontrados valores significativos para o comprimento do braço, o perímetro do braço, o perímetro do braço, o perímetro do peito, o perímetro da barriga da perna, o rácio cintura/altura, a percentagem de gordura corporal, o diâmetro do cotovelo e o diâmetro do pulso, com um nível de significância de 0,05.

O resultado do presente estudo também revela que, no caso dos jogadores de críquete de elite, a altura, o peso, o comprimento do braço, o comprimento da perna, o perímetro da barriga da perna e a percentagem de gordura corporal estão significativamente relacionados com a capacidade de reação. A capacidade de reação é a capacidade de responder a um determinado estímulo tão rapidamente quanto possível. O termo capacidade de reação em educação física e desporto é designado por latência de reação. Representa a duração do impulso nervoso. O tempo de reação, por outro lado, pode incluir outros factores que tornam a sua duração um pouco mais longa do que a latência pura. O jogo de críquete exige um nível muito elevado de coordenação, bem como uma reação suprema e, para o conseguir, o jogador tem de ter as capacidades musculares no seu melhor. O resultado do estudo também mostra que a maioria das variáveis antropométricas está significativamente relacionada com a capacidade de reação. O resultado do estudo mostra uma relação insignificante com a circunferência do braço, a circunferência do braço, a circunferência do peito, o rácio cintura/altura, o diâmetro do cotovelo e o diâmetro do pulso. Segundo **Clarke,** se a massa a deslocar for grande, o tempo de reação será mais longo do que se a massa for pequena. Assim, o tempo de reação dos dedos é mais curto do que o tempo de reação das pernas, porque na medição está incluído o tempo de contração dos músculos para mover a massa do membro envolvido. Uma vez que é necessário ativar mais unidades motoras para mover a perna mais pesada do que o dedo mais leve. A este respeito, também se obtiveram resultados em que partes mais curtas e mais estreitas estão significativamente correlacionadas com a capacidade de reação. Embora algumas variáveis antropométricas sejam insignificantes, o tempo de reação pode estar sujeito a alguma aprendizagem ao longo de uma série de ensaios, sendo a quantidade desta aprendizagem maior se o indivíduo tiver de envolver repetidamente uma determinada parte do corpo com respostas alternativas.

No caso dos jogadores de críquete de sub-elite, a altura, o comprimento da perna, o perímetro da barriga da perna e a percentagem de gordura corporal foram considerados significativos, ao passo que no caso do peso foram insignificantes em comparação com os jogadores de críquete de elite. O resultado é quase semelhante, exceto o peso. Este facto pode dever-se a algumas diferenças estruturais entre eles.

Em comparação com os jogadores de críquete de elite do grupo de sub-elite, o perímetro da barriga da perna não foi considerado significativo, mas todas as outras variáveis foram significativas. O perímetro da barriga da perna dos jogadores de críquete de sub-elite não é significativo, o que pode dever-se ao programa de treino adotado por estes jogadores de críquete.

No que diz respeito aos jogadores de críquete de sub-elite, a altura, o peso, o comprimento do braço, o comprimento da perna e a percentagem de gordura corporal foram considerados significativos para a capacidade de equilíbrio. A altura, o peso, o comprimento das pernas e a percentagem de gordura corporal também são descritos na descrição dos jogadores de críquete de elite. O comprimento do braço funciona como asas e as asas ajudam a equilibrar o corpo. Assim, o comprimento do braço é um fator dominante para a capacidade de equilíbrio.

Nos jogadores de críquete de sub-elite, a altura, o comprimento do braço, o comprimento da perna, a circunferência da barriga da perna e a percentagem de gordura corporal são significativos para a capacidade de reação e são semelhantes aos dos jogadores de críquete de elite.

Discussão da hipótese

1. Foi colocada a hipótese de não existir qualquer correlação significativa entre a variável dependente (componentes motoras baseadas no desempenho) e as variáveis independentes (caraterísticas antropométricas selecionadas). Com base nos resultados do estudo, a hipótese nula foi rejeitada.
2. Foi colocada a hipótese de não haver qualquer contribuição conjunta significativa das variáveis independentes (caraterísticas antropométricas selecionadas) na previsão da variável dependente (componentes motoras baseadas no desempenho). Com base nos resultados do estudo, a hipótese nula foi rejeitada.

RESUMO, CONCLUSÕES E RECOMENDAÇÕES

Resumo

O objetivo do estudo foi Antropometria como preditor de componentes motores baseados no desempenho. O objetivo adicional foi descobrir a relação entre variáveis antropométricas selecionadas e componentes motores baseados no desempenho.

Foram selecionados para o estudo 80 indivíduos do sexo masculino. Os sujeitos foram divididos em duas categorias, classificadas como Elite e Sub Elite. Quarenta sujeitos da Sub Elite eram jogadores que participavam no torneio interuniversitário e quarenta jogadores da Elite seriam os jogadores das equipas semifinalistas do torneio de críquete interzonal.

Foram selecionadas para estudo doze variáveis antropométricas e quatro variáveis motoras baseadas no desempenho. As variáveis antropométricas foram a altura, o peso, o comprimento do braço, o comprimento da perna, a circunferência do braço, a circunferência do antebraço, a circunferência do peito, a circunferência da barriga da perna, o diâmetro do cotovelo, o diâmetro do pulso, o rácio cintura/altura e a percentagem de gordura corporal (quatro locais: bíceps, tríceps, subescapular e supra-ilíaco) e os componentes motores baseados no desempenho foram a velocidade, a agilidade, a capacidade de equilíbrio e a capacidade de reação.

As variáveis antropométricas foram medidas através de um kit antropométrico e a velocidade foi medida através de uma corrida de 50 metros, a agilidade foi medida através de uma corrida de vaivém, a capacidade de equilíbrio foi medida através de um teste de nariz comprido e a capacidade de reação foi medida através de um teste de exercício de reação com bola.

Para avaliar a componente motora baseada no desempenho com base em variáveis antropométricas selecionadas de jogadores de críquete de elite e de sub-elite, foram aplicadas as seguintes técnicas estatísticas Para determinar a relação entre as componentes antropométricas selecionadas e a componente motora baseada no desempenho, foi utilizada a correlação produto-momento de Pearson e para determinar a contribuição conjunta das variáveis independentes (antropométricas selecionadas) na previsão da variável dependente (componente motora baseada no desempenho), foi utilizada a correlação múltipla. Para prever a variável dependente (componente motora baseada no desempenho) com base nas variáveis independentes (antropométricas), foi utilizada a equação de regressão múltipla. O nível de significância foi fixado em 0,05.

Os resultados indicaram que, para o grupo de elite, a velocidade foi significativamente correlacionada com a altura, o peso, o comprimento da perna, o perímetro da barriga da perna e a percentagem de gordura corporal ao nível de significância de 0,05, enquanto a velocidade foi insignificantemente correlacionada com o comprimento do braço, o perímetro do braço superior, o perímetro do braço anterior, o perímetro do peito, o rácio cintura/altura, o diâmetro do cotovelo e o diâmetro do pulso ao nível de significância de 0,05.

A altura, o comprimento da perna, a circunferência do braço, a circunferência da barriga da perna, a relação cintura/estatura e a percentagem de gordura corporal foram consideradas conjuntamente correlacionadas com a velocidade a um nível de significância de 0,05, tendo sido calculado um 'R' de 0,925.

A equação de regressão múltipla para prever a velocidade do grupo de elite com base na contribuição relativa de seis variáveis antropométricas do grupo de elite resultou no seguinte

Equação-1

$$Y=12{,}420-0{,}146(x_1)+0{,}104(x_2)+0{,}165(x_3)-0{,}099(x_4)+8{,}206(x_5)+0{,}369(x_6)$$

No grupo de elite, os resultados indicaram que a agilidade estava significativamente correlacionada com a altura, o peso, o comprimento da perna, o perímetro da barriga da perna e a percentagem de gordura corporal ao nível de significância de 0,05, enquanto a agilidade estava insignificantemente correlacionada com o comprimento do braço, o perímetro do braço superior, o perímetro do braço anterior, o perímetro do peito, o rácio cintura/altura, o diâmetro do cotovelo e o diâmetro do pulso ao nível de significância de 0,05.

A altura, o peso, o comprimento da perna, a circunferência da barriga da perna e a percentagem de gordura corporal foram correlacionados conjuntamente com a agilidade a um nível de significância de 0,05, tendo sido calculado um 'R' de 0,835.

A equação de regressão múltipla para prever a agilidade do grupo de elite com base na contribuição relativa de cinco variáveis antropométricas do grupo de elite resultou no seguinte

Equação-2

$$Y=-8{,}501+0{,}206(x_1)-0{,}059(x_2)-0{,}095(x_3)-0{,}194(x_4)+0{,}204(x_5)$$

No grupo de elite, os resultados indicaram que a capacidade de equilíbrio estava significativamente correlacionada com a altura, o peso e o comprimento das pernas, a um nível de significância de 0,05, enquanto a capacidade de equilíbrio estava insignificantemente correlacionada com o comprimento do braço, o perímetro do braço, o perímetro do braço, o perímetro do peito, o perímetro da barriga da perna e o rácio cintura/altura, a percentagem de gordura corporal, o diâmetro do cotovelo e o diâmetro do pulso, a um nível de significância de 0,05.

Verificou-se que a altura, o peso, o comprimento do braço, o rácio cintura/altura e o diâmetro do pulso estavam conjuntamente correlacionados com a capacidade de equilíbrio a um nível de significância de 0,05, tendo sido calculado um 'R' de 0,853.

A equação de regressão múltipla para prever a capacidade de equilíbrio do grupo de elite com base na contribuição relativa de cinco variáveis antropométricas do grupo de elite resultou no seguinte

Equação-3

$$Y=-52{,}198+0{,}376(x_1)+0{,}165(x_2)-0{,}229(x_3)+16{,}332(x_4)-1{,}532(x_5)$$

No grupo de elite, os resultados indicaram que a capacidade de reação estava significativamente correlacionada com a altura, o peso, o comprimento do braço, o comprimento da perna, o perímetro da barriga da perna e a percentagem de gordura corporal ao nível de significância de 0,05, enquanto a capacidade de reação estava insignificantemente correlacionada com o perímetro do braço, o perímetro do braço, o perímetro do peito, o rácio cintura/altura, o diâmetro do cotovelo e o diâmetro do pulso ao nível de significância de 0,05.

A altura, o peso, o perímetro do braço, o perímetro do tórax, a percentagem de gordura corporal e o diâmetro do pulso foram considerados conjuntamente correlacionados com a capacidade de reação a um nível de significância de 0,05, tendo sido calculado um 'R' de 0,875.

A equação de regressão múltipla para prever a capacidade de reação do grupo de elite com base na contribuição relativa de seis variáveis antropométricas do grupo de elite resultou no seguinte

Equação-4

$$Y=5{,}151-0{,}054(x_1)+0{,}036(x_2)-0{,}056(x_3)+0{,}023(x_4)+0{,}113(x_5)+0{,}285(x_6)$$

No grupo de subelite, os resultados indicaram que a velocidade da subelite estava significativamente correlacionada com a altura, o peso, o comprimento do braço, o comprimento da perna, o perímetro da barriga da perna, a percentagem de gordura corporal ao nível de significância de 0,05, enquanto a velocidade estava insignificantemente correlacionada com o perímetro do braço, o perímetro do braço, o perímetro do peito, o rácio cintura/altura, o diâmetro do cotovelo e o diâmetro do pulso ao nível de significância de 0,05.

A altura, o peso, o comprimento do braço, o comprimento da perna, o perímetro do braço, o perímetro da barriga da perna, o rácio cintura/altura e a percentagem de gordura corporal foram considerados conjuntamente correlacionados com a velocidade a um nível de significância de 0,05, tendo sido calculado um 'R' de 0,955

A equação de regressão múltipla para prever a velocidade do grupo de sub elite com base na contribuição relativa de oito variáveis antropométricas do grupo de sub elite resultou no seguinte

Equação-5

$$Y=27{,}399-0{,}065(x_1)+0{,}047(x_2)+0{,}083(x_3)-0{,}061(x_4)-0{,}162(x_5)-0{,}193(x_6)-3{,}827(x_7)+0{,}074(x_8)$$

No grupo de subelite, os resultados indicaram que a agilidade da subelite estava significativamente correlacionada com a altura, o peso, o comprimento do braço, o comprimento da perna e a percentagem de gordura corporal ao nível de significância de 0,05, enquanto a agilidade estava insignificantemente correlacionada com o perímetro do braço, o perímetro do braço, o perímetro do peito, o perímetro da barriga da perna, o rácio cintura/altura, o diâmetro do cotovelo e o diâmetro do pulso ao nível de significância de 0,05.

A altura, o comprimento do braço, o comprimento da perna, o perímetro torácico, a relação cintura/estatura e a percentagem de gordura corporal foram considerados conjuntamente correlacionados com a agilidade a um nível de significância de 0,05, tendo sido calculado um 'R' de

0,808.

A equação de regressão múltipla para prever a Agilidade do grupo de sub elite com base na contribuição relativa de seis variáveis antropométricas do grupo de sub elite resultou no seguinte

Equação-6

$$Y = -5,834 + 0,103(x_1) + 0,081(x_2) - 0,096(x_3) - 0,049(x_4) + 6,735(x_5) + 0,194(x_6)$$

No grupo de subelite, os resultados indicaram que a capacidade de equilíbrio da subelite estava significativamente correlacionada com a altura, o peso, o comprimento do braço, o comprimento da perna e a percentagem de gordura corporal ao nível de significância de 0,05, enquanto a capacidade de equilíbrio estava insignificantemente correlacionada com o perímetro do braço, o perímetro do braço, o perímetro do peito, o perímetro da barriga da perna, o rácio cintura/altura, o diâmetro do cotovelo e o diâmetro do pulso ao nível de significância de 0,05.

A altura, o peso, o comprimento do braço, o comprimento da perna, o perímetro do braço, o perímetro do tórax, o rácio cintura/altura, a percentagem de gordura corporal e o diâmetro do pulso foram considerados conjuntamente correlacionados com a capacidade de equilíbrio a um nível de significância de 0,05, tendo sido calculado um 'R' de 0,871.

A equação de regressão múltipla para prever a Capacidade de Equilíbrio do grupo de sub elite com base na contribuição relativa de nove variáveis antropométricas do grupo de sub elite resultou no seguinte

Equação-7

$$Y = -23,800 + 0,276(x_1) + 0,123(x_2) + 0,236(x_3) - 0,267(x_4) + 0,286(x_5) - 0,233(x_6) + 27,215(x_7) - 0,404(x_8) - 1,600(x_9)$$

No grupo de subelite, os resultados indicaram que a capacidade de reação da subelite estava significativamente correlacionada com a altura, o comprimento do braço, o comprimento da perna, o perímetro da barriga da perna e a percentagem de gordura corporal ao nível de significância de 0,05, enquanto a capacidade de reação estava insignificantemente correlacionada com o perímetro do braço, o perímetro do braço anterior, o perímetro do peito, o perímetro da barriga da perna, o rácio cintura/altura, o diâmetro do cotovelo e o diâmetro do pulso ao nível de significância de 0,05.

Verificou-se que a altura, o peso, o comprimento do braço, o perímetro do braço e a percentagem de gordura corporal estavam conjuntamente correlacionados com a capacidade de reação a um nível de significância de 0,05, tendo sido calculado um 'R' de 0,773.

A equação de regressão múltipla para prever a Capacidade de Reação do grupo de sub elite com base na contribuição relativa de cinco variáveis antropométricas do grupo de sub elite resultou no seguinte

Equação-8

$$Y = 7,903 - 0,059(x_1) + 0,030(x_2) + 0,049(x_3) - 0,077(x_4) + 0,062(x_5)$$

Conclusões

Tendo em conta os resultados obtidos após a análise dos dados, foram tiradas as seguintes conclusões.

1. A correlação entre a altura, o peso, o comprimento da perna, o perímetro da barriga da perna e a percentagem de gordura corporal com a velocidade foi considerada significativa. Enquanto a Correlação Múltipla (R=0,925) indica que as variáveis antropométricas são altamente significativas. Como o erro padrão estimado foi de 0,24522. Por conseguinte, a equação de regressão mostra que a altura, o comprimento da perna, a circunferência do braço, a circunferência da barriga da perna, a relação cintura/altura e a percentagem de gordura corporal fornecem uma estimativa razoavelmente boa da velocidade em jogadores de críquete de elite.
2. A correlação entre a altura, o peso, o comprimento da perna, o perímetro da barriga da perna e a percentagem de gordura corporal com a agilidade foi considerada significativa. Enquanto a correlação múltipla (R=0,835) indica que as variáveis antropométricas são altamente significativas. Como o erro padrão estimado foi de 0,25878. Por conseguinte, a equação de regressão mostra que a altura, o peso, o comprimento da perna, a circunferência da barriga da perna e a percentagem de gordura corporal fornecem uma estimativa razoavelmente boa da agilidade dos jogadores de críquete de elite.
3. A correlação entre a altura, o peso e o comprimento das pernas com a capacidade de equilíbrio foi considerada significativa. Enquanto a correlação múltipla é (R=0,853) indica que as variáveis antropométricas são altamente significativas. Como o erro padrão estimado foi de 0,64628. Por conseguinte, a equação de regressão mostra que a altura, o peso, o comprimento do braço, a relação cintura/altura e o diâmetro do pulso fornecem uma estimativa razoavelmente boa da capacidade de equilíbrio em jogadores de críquete de elite.
4. A correlação entre a altura, o peso, o comprimento do braço, o comprimento da perna, o perímetro da barriga da perna e a percentagem do corpo com a capacidade de reação foi considerada significativa. Enquanto a correlação múltipla é (R=0,875) indica que as variáveis antropométricas são altamente significativas. Como o erro padrão estimado foi de 0,14560. Por conseguinte, a equação de regressão mostra que a altura, o peso, a circunferência do braço, a circunferência do peito, a percentagem de gordura corporal e o diâmetro do pulso fornecem uma estimativa razoavelmente boa da capacidade de reação em jogadores de críquete de elite.
5. A correlação entre a altura, o peso, o comprimento do braço, o comprimento da perna, o perímetro da barriga da perna e a percentagem de gordura corporal com a velocidade foi considerada significativa. Enquanto a correlação múltipla é (R=0,955) indica que as variáveis antropométricas são altamente significativas. Como o erro padrão estimado foi de 0,20963. Por conseguinte, a equação de regressão mostra que a altura, o peso, o comprimento do braço, o comprimento da perna, a circunferência do braço, a circunferência da barriga da perna, o rácio cintura/altura e a percentagem de gordura corporal fornecem uma estimativa razoavelmente boa da velocidade em jogadores de

críquete de subelite.

6. A correlação entre a altura, o peso, o comprimento do braço, o comprimento da perna e a percentagem de gordura corporal com a agilidade foi considerada significativa. Enquanto a correlação múltipla é (R=0,808) indica que as variáveis antropométricas são altamente significativas. Como o erro padrão estimado foi de 0,27819. Por conseguinte, a equação de regressão mostra que a altura, o comprimento do braço, o comprimento da perna, a circunferência do tórax, o rácio cintura/altura e a percentagem de gordura corporal fornecem uma estimativa razoavelmente boa da agilidade em jogadores de críquete de subelite.

7. A correlação entre a altura, o peso, o comprimento do braço, o comprimento da perna e a percentagem de gordura corporal com a capacidade de reação foi considerada significativa. Enquanto a correlação múltipla é (R=0,871) indica que as variáveis antropométricas são altamente significativas. O erro padrão estimado foi de 0,74975. Por conseguinte, a equação de regressão mostra que a altura, o peso, o comprimento do braço, o comprimento da perna, a circunferência do antebraço, a circunferência do tórax, o rácio da altura da cintura, a percentagem de gordura corporal e o diâmetro do pulso fornecem uma estimativa razoavelmente boa da capacidade de equilíbrio em jogadores de críquete de subelite.

8. A correlação entre a altura, o comprimento do braço, o comprimento da perna, o perímetro da barriga da perna e a percentagem de gordura corporal com a capacidade de reação foi considerada significativa. Enquanto a correlação múltipla é (R=0,773), indica que as variáveis antropométricas são altamente significativas. Como o padrão estimado foi de 0,17033. Por conseguinte, a equação de regressão mostra que a altura, o peso, o comprimento do braço, a circunferência do antebraço e a percentagem de gordura corporal fornecem uma estimativa razoavelmente boa da capacidade de reação em jogadores de críquete de subelite.

Recomendações

Com base nas constatações e conclusões, o investigador faz as seguintes sugestões para o futuro investigador e foram feitas as seguintes recomendações;

- Pode ser realizado um estudo semelhante selecionando outras variáveis antropométricas e motoras.
- Um tipo de estudo semelhante pode ser efectuado em vários grupos.
- O mesmo estudo pode ser repetido com uma grande amostra de jogadores.
- Podem ser realizados estudos semelhantes com jogadores de níveis diferentes dos selecionados para este estudo.
- Pode ser efectuado um estudo semelhante em vários grupos etários.
- Pode ser efectuado um estudo semelhante com jogadores profissionais e não profissionais.
- Este estudo poderia ser alargado a sujeitos de vários jogos e provas de atletismo.
- O resultado do estudo fornece uma equação para prever o desempenho motor de desportistas e ajudar os treinadores e seleccionadores de equipas selecionadas.

APÊNDICES

APÊNDICE - A

Pontuação das Variáveis Antropométricas de Jogadores de Críquete da Sub-Elite.

Altura	Peso	Comprimento do braço	Comprimento da perna	U.A. Perímetro	F.A. Perímetro	Perímetro do peito	Bezerro Perímetro	Cintura/altura	Percentagem de gordura corporal	Diâmetro do cotovelo	Diâmetro do pulso
172	63	68.1	94	27.5	25	89.4	34.5	0.47	14.7	6.45	5.37
178.5	72	70	102	28	26	90.4	38.4	0.46	12.3	6.52	5.4
182.5	72	77	103.4	27.5	24.5	88.5	37.2	0.44	12.3	6.9	5.57
169.5	66	70	92.5	28.5	27	86	34.4	0.46	14.3	6.72	5.58
171	69	68	95.5	28	25.5	88.4	34.6	0.49	14.7	6.57	5.38
164.5	66	64.3	87	26.5	27	85.5	34.2	0.47	14.1	6.32	5.21
183	75	78	103.6	30	27.5	90.6	36.3	0.45	13.9	6.87	5.62
168	67	67	91	29	26	86.6	34.1	0.48	14.7	6.89	5.48
173	70	68	97	27	25	88	35.8	0.47	14.3	6.55	5.56
168.5	64	67.8	91.6	28.2	26.5	86.3	36.2	0.46	13.9	6.42	5.36
174	69	68.9	95.3	28.5	25.5	88.2	36.8	0.46	12.7	6.9	5.72
168.7	65	68.1	92.3	27.6	26.2	87.3	35.2	0.49	12.3	6.08	4.93
166.5	62	64.9	89.6	28	25	85.1	35.7	0.45	13.9	6.38	5.25
170.9	68	69.6	93	29.5	24	84.8	34	0.46	14.1	6.2	5.21
182.5	75	75.3	105	29	25	89	37.5	0.48	14.3	6.28	5.32
178	70	70	100.1	28	24.5	87.1	38	0.46	11.5	6.54	5.46
169	71	68	93.8	27.5	26	86.3	37	0.45	15.1	6.56	5.35
174.5	72	70.2	97.3	28	25	90.4	35.1	0.47	14.1	5.75	5.12
184	76	78	105.7	29.5	26	93.2	34	0.48	14.3	6.85	5.74
165.8	69	64	87.7	32	29	89	36.8	0.5	16.4	6.45	5.27
174.3	72	71	97.5	29	26.5	88	35.2	0.42	14.1	6.68	5.31
185	74	76.9	107.6	29	26	88.8	37.4	0.45	15.1	6.4	5.46
182.9	72	74	104.8	27	26.5	84.5	38.4	0.43	13.5	7.21	5.79
171.2	71	69.2	94.3	27.5	25	89.4	36.1	0.46	15.5	6.49	5.25
175.1	70	71	97.7	28	26.5	87.2	37	0.47	13.1	6.45	5.34
170	68	68.3	93.9	27	25.2	86	35.3	0.48	14.7	6.83	5.75
164.5	60	64.2	89.6	29.5	27.5	84.5	38.1	0.48	14.1	6.43	5.25
169.5	67	67	91.9	27.5	26	88	35.2	0.46	14.7	6.47	5.29
185	75	76.1	106.7	28	25.5	93.5	37	0.48	13.1	6.8	5.74
183.5	77	74.8	106	27	26	87.5	36	0.46	13.5	6.78	5.8
171.5	65	68	93.9	27.5	26	86.4	35.5	0.46	13.1	5.76	4.98
178	73	70.2	102	29	26	86.4	37.4	0.45	13.5	6.48	5.29
171	62	69	96	27.5	27	88	37.2	0.48	13.5	6.44	5.27
174.5	71	69.9	100.2	30	28.5	86.5	33.9	0.46	13.9	6.51	5.6
170	68	70.3	96.4	28.5	27	90	35.1	0.48	14.1	6.57	5.53
172.5	67	70.1	97.2	29	27	87	37.2	0.47	13.1	6.23	5.39
178.5	70	70.4	101.4	28.5	24.5	87.3	37.6	0.43	11	6.4	5.65
168.5	67	68.8	90	29.5	27.5	89.5	35.1	0.46	14.1	6.87	5.42
164.7	64	66.3	86.5	26	24	84.5	36.3	0.48	15.1	6.28	5.3
186	76	75	108.5	29	27.5	87.3	36.9	0.43	13.5	6.56	5.4

Pontuações de variáveis motoras baseadas no desempenho de jogadores de críquete de sub-elite.

Velocidade	Agilidade	Capacidade de equilíbrio	Capacidade de reação
7.14	9.59	7.56	1.6
5.98	9.16	8.49	1.55
6.65	10.53	10.3	2
7.68	9.79	8.45	1.9
7.22	10.2	7.54	2
8.1	10.1	8.32	2.1
6.26	10.47	11.4	1.55
7.89	9.81	7.35	2.2
7.19	9.67	7.19	2.15
7	9.58	7.82	1.7
6.78	9.67	8.13	1.65
6.98	9.61	10.56	2.05
7.65	9.7	7.26	2.1
7.39	9.62	8.11	2.15
6.28	10.6	11.28	1.95
5.86	9.3	10.2	1.45
7.54	9.75	7.86	2.1
7.21	9.59	8.13	2.2
6.88	10.9	11.6	1.95
6.8	10.15	7.86	1.75
7.1	9.62	9	2.1
6.24	10.46	8.35	2
6.1	10.4	9.95	1.65
7.51	10.11	8.12	2.25
6.7	9.51	9.67	1.9
7.63	10	7.75	2.15
6.21	9.62	9	2.1
7.42	9.81	7.65	2.15
6.34	10.61	10.22	1.75
6.8	9.93	11.45	1.8
7.23	9.9	9.39	1.95
5.96	9.28	9.43	1.6
6.51	9.65	7.54	1.5
6.98	9.76	8.74	2
7.32	9.62	8	1.8
7	9.69	7.36	1.7
6.12	9.33	8.2	1.5
7.98	9.71	7.8	2.2
8.06	10.4	8	2.3
6.2	10.78	11.2	1.5

Pontuação de variáveis antropométricas de jogadores de críquete de elite.

Altura	Peso	Comprimento do braço	Comprimento da perna	U.A. Perímetro	F.A. Perímetro	Perímetro do peito	Bezerro Perímetro	Cintura/altura	Percentagem de gordura corporal	Diâmetro do cotovelo	Diâmetro do pulso
178	73	70	100.3	28.6	27.2	94	35.9	0.46	12.7	6.38	5.43
173.5	71	71	97.2	29.6	28	91.3	34.2	0.43	12.3	6.42	5.41
175.3	68	72	98.3	30.1	28.2	92	37.7	0.44	11.5	6.73	5.7
180	75	74	102.1	29	27.5	89.2	35.6	0.46	13.1	7	5.6
180.2	72	71.4	102	26.6	26	86	36.4	0.45	12.7	6.62	5.64
174.9	74	73.5	99.3	28.6	26.5	84.8	34.9	0.45	14.3	6.47	5.45
177	72	72.2	99.8	30.1	28.7	90.5	37.5	0.45	14.7	6.79	5.8
175.4	72	71.8	98.6	29.6	27.5	91.4	36.8	0.45	13.1	6.54	5.53
174	70	72	98.5	27.3	25.6	86.5	36.2	0.47	12.3	6.8	5.56
183	72	74.4	104.7	29.4	28	89.3	37.5	0.44	13.1	6.9	5.92
173.5	71	69.6	97	28.1	26.7	86.7	37.3	0.46	14.3	6.59	5.53
177.7	72	71.5	98.8	30.3	28.5	90.6	38.1	0.47	13.5	6.77	5.44
178.6	70	72.7	100	29.6	27	84.8	36.5	0.45	13.1	6.71	5.76
181.3	71	72.3	103.5	27.3	25.6	88.9	36.8	0.43	13.9	6.75	5.4
175.8	74	70	97.7	29.8	28.1	87.3	35.7	0.46	14.3	6.61	5.32
177.3	70	73.6	99.4	30.2	27.8	88.7	37.4	0.48	11.5	6.87	5.66
178.5	72	74.5	101.2	30.7	28.4	91.2	38.6	0.47	12.3	6.57	5.17
180.2	75	74	102.5	29	27.1	87.9	36.9	0.47	13.1	7.02	5.72
175.4	76	73.5	96.7	29.6	27.5	87.4	33.8	0.45	15.8	6.7	5.72
182.1	74	75.4	103.2	31.3	28.2	93.3	39.2	0.45	12.3	6.78	5.84
174	72	70.2	97.4	28.3	26.1	88.1	36.5	0.44	14.3	6.72	5.71
181.5	72	76	105.3	28	26	90.2	36.8	0.43	13.5	7.1	6
177.9	72	71.8	99.9	29.8	27.2	92	38.3	0.45	13.5	6.68	5.43
174.4	75	70.8	97.8	29.1	27	88.5	35.5	0.45	15.8	6.81	5.65
177.6	75	72.9	102.1	28.2	26	86.4	33.7	0.45	14.3	6.72	5.6
174.9	72	71.2	99.6	28.7	26.7	87.7	35.2	0.44	14.3	6.68	5.63
172.7	75	72.4	97.9	29	26.3	86.5	33.6	0.44	15.1	6.87	5.6
175.6	71	71.3	100.4	29.3	27.4	86.2	36.9	0.46	12.7	6.72	5.63
175.2	73	71.2	98.2	28.4	26.8	87.8	37.3	0.47	14.3	6.78	5.6
183.7	74	75.3	106.1	28	26.6	88	35.3	0.48	12.7	7.11	5.99
176.5	77	71.8	99.6	30	28.1	91.8	35.1	0.45	14.3	6.82	5.6
178.5	74	72	100.5	25	26.1	85.4	36.3	0.46	15.1	6.63	5.62
176.6	70	72.8	99.8	29.6	27.5	89	36.6	0.45	14.3	6.44	5.31
176.9	68	72	99.5	30.6	28.3	90.5	38.5	0.46	12.3	6.76	5.6
180.4	74	74.5	102.7	29.2	27.2	87.9	37.6	0.45	13.1	6.71	5.75
178.5	73	72.8	101	30	27.7	89.7	37.1	0.45	11.9	6.61	5.49
177	74	75	102	28.9	27.7	86.6	37.4	0.46	13.5	6.63	5.45
181.7	74	73.2	103.1	30.3	29	93.5	37.5	0.45	14.3	6.85	5.71
182.8	75	73.5	105	29.8	28.2	91.7	37.1	0.46	12.3	6.76	5.82
173.9	70	70.8	97.7	29.2	27.1	92.3	35.8	0.46	14.3	6.4	5.32

Pontuação de variáveis motoras baseadas no desempenho de jogadores de críquete de elite.

Velocidade	Agilidade	Capacidade de equilíbrio	Capacidade de reação
6.46	9.55	9.45	1.55
6.87	9.92	7.73	1.8
5.99	8.98	7.29	1.5
6.65	10.21	9.07	1.65
6	10.17	9.26	1.55
7.88	9.67	7.3	1.75
7.47	10.04	9.5	2.2
6.55	9.44	7.1	1.8
6.31	9.48	7.46	1.95
6.45	10.6	9.7	1.35
7.1	9.7	7.5	2.1
6.98	9.92	8.8	1.65
6.2	10.25	7.3	1.6
5.98	10.62	10	1.7
7.15	10.01	9.53	1.8
6.12	9.27	8.25	1.45
6.38	9.46	8.9	1.65
6.5	10.12	10.2	1.7
8.17	10.67	7.62	2.3
6.42	9.88	9.7	1.68
7.3	8.95	7.03	1.9
6.32	10.32	7.3	1.63
6.74	9.72	9	1.6
7.51	9.86	8.1	2.3
7.45	10.13	8.63	2.1
7.34	10.1	8	2.1
8.1	9.66	7.24	2.2
7	9.28	7.54	1.65
7.6	9.58	8.4	1.95
6.62	10.3	10.8	1.45
7.34	10.36	9.12	2.15
6.65	10.15	9.95	2.4
7.2	9.99	7.8	1.4
6.85	9.41	8.09	1.55
6.45	9.72	10	1.5
6.2	9.1	10.6	1.6
6.87	9.24	9.28	1.7
6.36	9.68	10.5	1.85
5.99	10.13	10.8	1.55
7.36	9.86	9.2	2

APÊNDICE-E
TABELA DE AVALIAÇÃO DA COMPOSIÇÃO CORPORAL DE DURNIN & REHMAN

Percentagem de gordura correspondente ao volume total das pregas cutâneas em quatro locais (bicípite, tricípite, subescapular e suprailíaca).

(O limite da percentagem de gordura explica a diferença entre valores adjacentes que não são uniformes).

Espessura total da dobra cutânea (MM)	**Percentagem de gordura no peso corporal**			
	Homens	**Mulheres**	**Rapazes**	**Raparigas**
15	5.5	-	9.0	12.5
20	9.0	15.5	12.5	16.0
25	11.5	18.5	15.5	19.0
30	13.5	21.0	17.5	21.5
35	15.5	23.0	19.5	23.5
40	17.0	24.5	21.5	25.0
45	18.5	26.0	23.0	27.0
50	20.0	27.5	24.0	28.5
55	21.0	29.0	25.5	29.5
60	22.0	30.0	26.5	30.5
65	23.0	31.0	27.5	32.0
70	24.0	32.5	28.5	33.0
75	25.0	33.5	29.5	34.0
80	26.0	34.0	-	-
85	26.5	35.0	-	-
90	27.5	36.0	-	-
95	28.0	36.5	-	-

J. V. G. A. Durnin & M. M. Rehman, "Percentagem de gordura correspondente ao valor total de skinfolds" British Journal of nutrition 21 (1967), 601.

Bibliografia
Livros

Albara, B. E. (1997). **O Instituto Nacional do Desporto de Patiala.**

Jack, F. (1972). **Fingleton on Cricket.** Londres: Alan and Monbroy Publication.

Thani, V. (1995). **Skill and Tactis of Cricket.** Nova Deli: publicação desportiva.

Uppal, A. K. (1992). **Foundations of Physical Education (Fundamentos da Educação Física).** Baroda: Friends Publications.

Uppal, A.K (2001), **Principles of Sport Training**. Baroda: Friends Publication.

Singh, H. (1991). **Ciência do treino desportivo**. Nova Deli: D.V.S Publication.

Bucher, C. A. (1983). **Foundation of Physical Education (Fundamentos da Educação Física).** St Louis: C.V.Mosby Co.

Mathews, D. K. (1978). **Measurement in Physical Education (Medição em Educação Física).** Philadelphia: Saunders Co.

Mathews, D. K. (1968). **Measurement in Physical Education (Medição em Educação Física).** Philadelphia: W.B. Saunders Co.

Clarke, H. **Application of Measurement to Heaith, and Physical Education (Aplicação da Medição à Saúde e à Educação Física).**

Nelson, N. P. e Jenson, C. R. (1970). **Measurement and Statistics in Physical Education (Medição e Estatística em Educação Física).** Belmont Califórnia: Wadsworth Publishing Company Inc.

Philips, A. e Hornak, J. E. (1979). **Medição e Avaliação em Educação Física.**
Nova Iorque: John Wiley and sons.

Roebuck, J. A. (1975). **Engineering Anthropometry Methods**. John Wiley & Sons Inc.

Clarke, H. e Clarke, D.H. (1989). **A Physical and Motor Test in the Melfort Boys Growth Study (Um teste físico e motor no estudo de crescimento dos rapazes de Melfort)**. Englewood Cliffs: N. J. Prentice Hall, Inc.

Kansal, D. K. (.......). **Textbook of Applied Measurment Evaluation & Sports Selection**.
Publicação D.V.S.

Tanner, J. M. (........). **The Physique of the Olympic Athletic.** London: George Allen and
Unwin Ltd.

Clarke, **Application of Measurment to Health and Physical Education**, p. 179.
Bucher, C. A. (1983). **Foundation of Physical Education and Sports.** Saint Louis: The C.V. Mosby Company.

Harrl, D. (1982). **Princípios do treino desportivo.** Berlim: Sport Verlay.

Edgette John H., PsyD e Rowan Tim, MSW, (2003). **Winning the Mind Game**, (Publicação da Crown House).

Scott Gladys M., e French Esther, (1950). "**Evolution in Physical Education**" (St. Louis: The C.V. Mosbey Company).

Singh Ajmer,(2003). "**Essentials of Physical Education**". (Kalyani Publication, New Delhi, 2003).

Keith F.Bell,(1982). **"Championship Thinking", The Athletes Guide to Winning Performance in todos os desportos** (Londres : Prentice Hall Inc), p.152.

Meyers Michael, **Improving Athletic Performance: The Marriage of Sports Science & Coaching,** West Texas A&M University, EUA.

Barron, H.M. & Mchee, R. (1997). **A Practical approach to measurement in physical education (Uma abordagem prática da medição em educação física)**. Philadelphia: Lea and Febiger.

Best, J.W. (1963). **Research in education**. E.U.A.: Prentice Hall.

Mathews, D.K., (1973). **Measurement in Physical Education**, Philadelphia: W.B.Sounders Company.

Pearson, A. (2001). **Speed, agility and quickness (Velocidade, agilidade e rapidez**). Londres: A & C Black.

Thomas, J.R & Nelson, J.K. (2005). **Research method in physical activity**, U.S.A.: Champaign, IL: Human Kinetics Books.

Pheasant, S. (1996). **O espaço corporal: Anthropometry, Ergonomics and Design of Work**. Taylor & Francis, Nova Iorque.

Phillips, D. A. & Hornak, J. E. (1979). **Measurement and evaluation in physical education (Medição e avaliação em educação física)**. New York: John Willey and Sons.

Barrow, Harold M. e Rosemary McGee (1966). **A Practical Approach to Movement in Physical Education (Uma Abordagem Prática do Movimento na Educação Física)**. Philadelphia: Lea & Febiger.

Bucher Charles, A. e Williams F. Prentice,(1985). **Fitness in College and Life** Toronto: C.V. Mosby Company.

Carl E. Wiligoose,(1961) **Evaluation of Health Education** New York: McGraw Hill Company.

Fleishman, Edvin A.(1965) **The Structure and Measurement of Physical Fitness** Englewood Cliffs, New Jersey: Prentice Hall Inc.

Johnson Barry L. e Jack K. Nelson (1988). **Practical Measurement for Evaluation (3ª ed)**. Delhi: Surjeet Publications.

Amarnath, Mohinder. (1996). **Learn to Play Good Cricket**. Nova Deli: UBS Publishers Dis tribution Ltd.

Botham, Ian **Botham on Cricket**. (1980), Londres: Cassell Ltd.

Foster, Daryl e David John. **Fitness for Fast bowling**. Syndeny: Australian Sports Commi ssion.1986.

Revistas e publicações periódicas

Wormgoor, S., Harden, L. e Mckinon, W. (2010). Antropometria, Biomecânica e Força Isocinética Preditores da Velocidade de Lançamento da Bola em Lançadores Rápidos de Críquete de Alto Rendimento. **Journal of Sports Science.** 28(9), 957-65.

Stuelcken, M., Pyne, D. e Sinclair, P. (2007). Caraterísticas antropométricas dos lançadores rápidos de críquete de elite. **Journal of Sports Science.** 25(14). 1587-97.

Pyne, D. B., Duthie, G. M., Saunders, P. U. e et al. (2006). Correlatos antropométricos e de força da velocidade de lançamento rápido em jogadores de críquete júnior e sénior. **J Strength Cond Res.** 20(3):620-626.

Parízková, J. e Adamec, A. (1980). Estudo Longitudinal das Caraterísticas Antropométricas, das Dobras Cutâneas, do Trabalho e Motoras de Rapazes e Raparigas, dos Três aos Seis Anos de Idade. **Am J Phys. Anthropol.** 52(3), 387-96.

Kumar, G. S. e Deepali, N. (2011). Um cálculo dos componentes da aptidão motora de jogadores interuniversitários de críquete e futebol. **Research Journal of Humanities and Social Sciences.** 2(4), 193-195.

Koley, S. (2012). Perfis antropométricos, de força física, de composição corporal e de teste de desempenho de jogadores de críquete masculinos de nível interdistrital do Punjab. **Índia, Revista Internacional de Estudos Contemporâneos e Aplicados do Homem Antropólogo.** 14(5), 445-451.

Kushwant. (2012). Parâmetros antropométricos físicos e fisiológicos como preditores do desempenho no voleibol. **Jornal Indiano de Educação do Movimento e Ciências do Exercício.** 2(1), 121-126.

Yuyi. (2010). Perfil antropométrico e sua relação com o desempenho físico de jogadoras de voleibol de elite chinesas. **Research and Scholarly Publications of Southern Cross University.** 15(4), 324-330.

Keogh, Justin, W. L., Clare, L. e et al. (2003). Evaluation of Anthropometric, Physiological, and Skill-Related Tests for Talent Identification in Female Field Hockey (Avaliação de testes antropométricos, fisiológicos e relacionados com a aptidão para a identificação de talentos no hóquei em campo feminino). **Canadian Journal of Applied Physiology.** 28(3), 397.

June Stevens & Chirayath Suchindran(2004). Physical Activity as a Predictor of Body Composition in American Indian Children, **North American Association for the Study of Obesity** 12(12):1974-1980.

Indranil Manna, GulshanLalKhanna(2012). Effect of training on anthropometric, physiological and biochemical variables of U-19 volleyball players, **Journal of human sport and exercise** 7(1):552-557.

T. Reilly, J. Bangsbo (2000). Anthropometric and physiological predispositions for elite soccer, Journal **of Sports Sciences** 18, 669 - 683.

Rizal Razman&Jalil A.A (2012). Fitness and Anthropometric Status of Malay Adolescents in Kuala Lumpur, Malaysia, **Movement, Health & Exercise** 1(2), 42-49.

Saidon Amri , Aris Fazil Ujang(2012). Anthropometric Correlates of Motor Performance Among Malaysian University Athletes, **Movement, Health & Exercise** 1(1), 75-92.

Lefevre.J, Dufour.A.B, (1993). Relações entre o desempenho motor de homens adultos e a antropometria A: análise multivariada, **American Journal of Human Biology** 5:351-359

Koropanovski, Nenad e Berjan, Bobana (2011). Perfis de desempenho de de elite de Karaté Kumite e Kataantropométricos e físico competidores , **Journal of Human Kinetics** 30,107-114.

Alemdaroğlu, Utku (2012). A Relação entre Força Muscular, AnaeróbioDesempenho , Agilidade, Capacidade de Sprint e Desempenho de Salto Vertical em Jogadores Profissionais de Basquetebol, Journal of Human Kinetics 31,149-158.

Teeple, Janet B. e Lohman, T. G. (1975). Contribution of Physical Development and Muscular Strength to the Motor Performance Capacity of 7 to 12 Year Old Boys, **British Journal of Sports Medicine** 9(3):122-129.

Quarrie, K L e Handcock, P (1995). O lesões e rugby da Nova Zelândiaprojeto de desempenho no . III. Anthropometric and physical performance characteristics of players, **British Journal of Sports Medicine** 29(4):263- 270.

Quarrie, K L e Handcock, P (1996). A Nova Zelândia rugby lesões e projeto de desempenho. IV. antropométricas e de desempenho físico Comparações entreposicionais categorias de rugby sénior A jogadores, **British Journal of Sports Medicine** 30(1):53-56.

Kondric, Miran e Uljevic, Ognjen (2012). Perfil de aptidão física de jogadores juniores de polo aquático de alto nível, antropométrico geral e específica **Journal of Human Kinetics** 32:157-165.

Teeple, Janet B. e Lohman, T. G. (1975). Contribution of Physical Development and Muscular Strength to the Motor Performance Capacity of 7 to 12 Year Old Boys, **British Journal of Sports Medicine** 9(3):122-129.

Lakshya Nagar, Dharam Singh Meena **(2012).** Correlação entre variáveis antropométricas e de aptidão física selecionadas e o desempenho no basquetebol, **Revista Científica Internacional de Ciências do Desporto** 1(2), 91-95.

Duvenhage, Ninette (2013). Relação entre a participação desportiva e as componentes físicas, de desempenho motor e antropométricas de um grupo selecionado de adolescentes do 10º ano, **Journal of Human Kinetics** 22:257-265.

Barjender Singh e Dr. Gurdeep Bhola(2012). Comparação de medidas antropométricas selecionadas e aptidão física de rapazes das escolas de Haryana em relação ao seu estatuto social, **Indian Journal of Movement Education and Exercises Sciences** Vol. II NO.2,22-29.

Cari A. Troestes Jr (1957). Relatório de Progresso sobre o Programa de Fitness da AAHPER, **Journal of Physical Education, Health Education and recreation** XXVIII ,p-20.

Hsiao, H., Long, D., Snyder, K. (2002). Diferenças antropométricas entre profissionaisgrupos . **Ergonomia**, 45(2), 136-152.

J.V.G.A.Durin e N.M.Rechman, (1976). Percentage of Body Fat Correspondding to the Total Value of Skinfold, **British Journal of Nutrition** 21 p. 681.

Gabbett Tim, Kelly Jason, Pezet Troy (2007). Relationship between physical fitness and playing ability in Rugby league players, **Journal of Strength & Conditioning**, 24(3),323-328.

Gandhi Indira, "Mensagem" "**Resumos: Congresso Internacional de Ciências do Desporto**" (Patiala: Instituto Nacional do Desporto NetajiSubhash, novembro de 1982).

Diversos

Tom Melville. Cricket para americanos: Playing and understanding the game [Jogar e compreender o jogo]. Bowling Green States University Popular Press, Bowling Green, Ohio, 1993.

Antony Hosking. An Explanation of Cricket, 2009. http://www.cs.purdue.edu/homes/hosking/cricket/explanation.htm, acedido em junho de 2012.

Scyld Berry. Os lançamentos sem vida não devem ser aceites, 2009. The Telegraph. http://www.telegraph.co.uk/sport/cricket/international/theashes/5789583/The-Ashes-Lifeless-pitches-should-not-be-accepted.html, acedido em junho de 2012.

Wikipédia. Knight's return to proving ground, 2009. http://en.wikipedia.org/wiki/Test_cricket, acedido em Jun. 2012.

Adam Gilchrist. Cowdrey Lecture, 2009. http://www.espncricinfo.com/ci/content/story/410365.html, acedido em junho de 2012.

Michael Rundell. Dictionary of cricket. A&C Black Publishers Ltd, Londres, 2006.

Wikipédia. Cricket Ball, 2012. http://en.wikipedia.org/wiki/Cricket_ball, acedido em Jun. 2012.

Campeonato do Mundo de 2011. Cricket Bats, 2011. http://t20-worldcup-2010.blogspot.com/2011/04/cricket-bats.html, acedido em junho de 2012.

Centro Desportivo de Kingsgrove. Cricket Accessories-Cricket Stumps, 2012. http://www.kingsgrovesports.com.au/Products.aspx?ProductCategoryID=32, acedido em Jun. 2012.

Obter preço. Kanga Cricket Bails, 2009. http://www.getprice.com.au/Kanga-Cricket- Bails-Gpnc_522--57697828.htm, acedido em Jun. 2012.

SportApex.com. Cricket Ground, 2011. http://www.sportapex.com/2011/05/cricket- ground.html, acedido em Jun. 2012.

Peter Britton. Magazine-The Law of Sod?, 2010. http://media.pitchcare.com/L/2Z88YVgyqHuPfb8bqlTg.jpg, acedido em junho de 2012.

Lord's Cricket Ground. Leis do Críquete, 2003. http://www.lords.org/data/files/laws_of_cricket_2003-8685.pdf, acedido em maio de 2012.

Lemonlolly. Bowled Out, 2011. http://en.wikipedia.org/wiki/File:Cricketer_bowled.jpg, acedido em Jun. 2012.

ABC News. Zaheer Goes for Caught-and-Bowled Chance, 2012. http://www.abc.net.au/news/2012-01-03/zaheer-tries-for-caught-and- bowled/3757154, acessado em junho de 2012.

Mailonline. Será este o fim do jogo de críquete? Não é provável, 2009. http://static.cricketnext.in.com/pix/slideshow/08-2011/in-pics- zimbabwe/massa_450.jpg, acedido em junho de 2012.

SuperSport. Sachin Tendulkar e Nitin Saini, 2012. http://www.supersport.com/gallery.aspx?id=18931, acedido em junho de 2012.

BBC Sport. Formas de ser eliminado - Perna antes do postigo, 2012. http://news.bbc.co.uk/sport2/hi/cricket/rules_and_equipment/4176136.stm, acedido em Jun. 2012.

Instituto Internacional de Cricket Umpiring e Pontuação. Hit Wicket, 2012. http://www.umpires.tv/armchair/hit_wicket.html, acedido em junho de 2012.

MR Globalização. Globalização - Não é o Grilo, 2009. http://www.mrglobalization.com/culture/170-globalization-its-not-cricket, acedido em junho de 2012.

Cricket Live. History of Cricket, 2012. http://cricketaana.blogspot.com/p/history-of- cricket.html, acedido em Jun. 2012.

John Leach. Stumpsite, Cricket Histories and Chronologies, 2007. http://www.jl.sl.btinternet.co.uk/stampsite/cricket/main.html, acedido em junho de 2012.

Wikipédia. Lagaan, 2012. http://en.wikipedia.org/wiki/Lagaan, acedido em junho de 2012.

Leis do Senhor. Leis: Leis do Críquete - Leis e Espírito, 2010. http://www.lords.org/laws-and-spirit/laws-of-cricket/laws/, acedido em junho de 2012.

Wikipédia. Cricket History, 2012. http://en.wikipedia.org/wiki/History_of_cricket, acedido em Jun. 2012.

Cricket South Africa. A Brief History Overview, 2012. http://www.south-africa- tours-and-travel.com/cricket-south-africa.html, acedido em junho de 2012.

Wikipédia. Equipa canadiana de críquete nos Estados Unidos em 1844, 2012. http://en.wikipedia.org/wiki/Canadian_cricket_team_in_the_United_States_in_1844, acedido em junho de 2012.

Fahad Mustafa. Cricket and Globalization, 2009. http://othes.univie.ac.at/6738/1/2009-09-17_0747207.pdf, acedido em maio de 2012.

Tese não publicada

Atindra Nath Day, "**Study of Anthropometric measurements and Body Composition of High and Low Cardio-respiratory Fitness Boys**," Tese de doutoramento não publicada, Jiwaji University, Gwalior,1985

Gundhar Gosh, "**Difference in Selected Motor Fitness Components of Boys and Girls at Elementary School Level**" (Tese de Mestrado não publicada, Universidade de Jiwaji, 1982).

MIX
Papier aus verantwortungsvollen Quellen
Paper from responsible sources
FSC® C105338

Printed by Books on Demand GmbH, Norderstedt / Germany